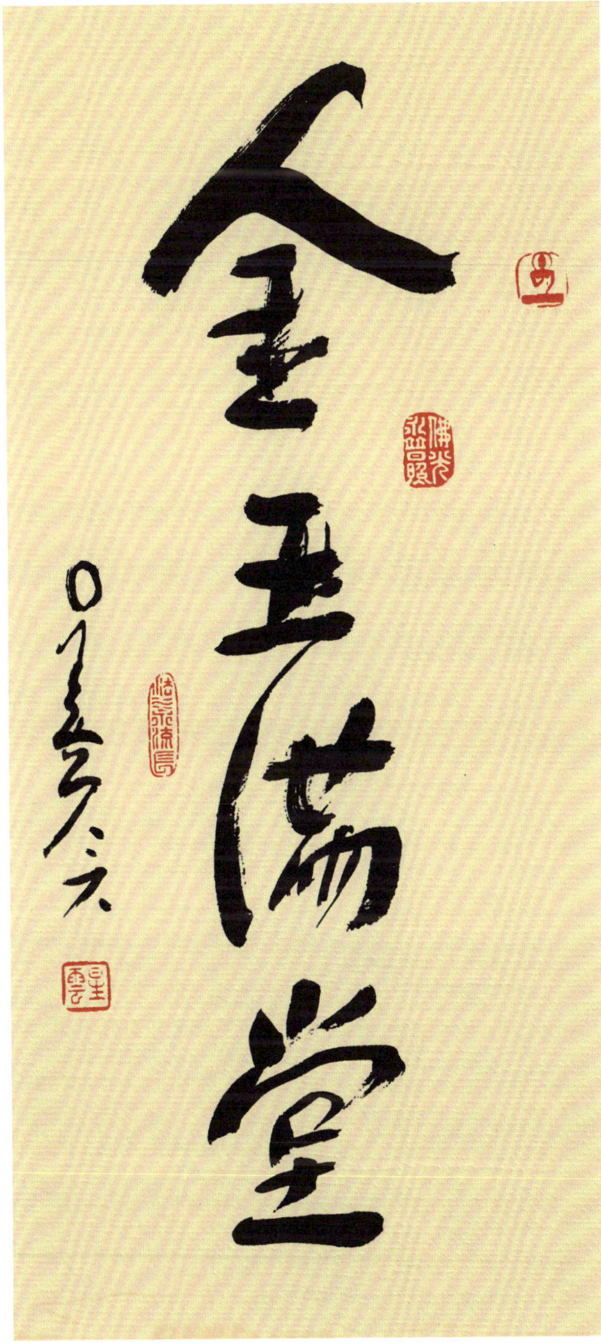
全玉佛堂

星云大师 总策划

佛光山金玉满堂系列

星云说偈

星云大师·著

中国出版集团 现代出版社

图书在版编目（CIP）数据

星云说偈 / 星云大师著 . -- 北京 ：现代出版社，2018.5
（佛光山金玉满堂系列）
ISBN 978-7-5143-6839-0

Ⅰ . ①星… Ⅱ . ①星… Ⅲ . ①禅宗—通俗读物 Ⅳ .
① B946.5-49

中国版本图书馆 CIP 数据核字（2018）第 020094 号

本书由上海大觉文化传播有限公司独家授权出版中文简体字版

星云说偈

总 策 划：星云大师
作　　者：星云大师
责任编辑：张　霆　姚冬霞
出版发行：现代出版社
通信地址：北京市安定门外安华里 504 号
邮政编码：100011
电　　话：010-64267325　64245264（传真）
网　　址：www.1980xd.com
电子邮箱：xiandai@vip.sina.com
印　　刷：长沙鸿发印务实业有限公司

开　　本：710mm×1000mm　1/16
字　　数：155 千字
印　　张：14
版　　次：2018 年 5 月第 1 版　2018 年 5 月第 1 次印刷
书　　号：ISBN 978-7-5143-6839-0
定　　价：39.80 元

编者序

掬一口清泉

一句宝贵的禅诗偈语，可以让你化迷为悟，顿时豁然开朗；一句禅诗偈语的棒喝，能牵引你到清净庄严的世界。它不是莫测高深的玄理，更不是遥不可及的仙境，而是一口甘醇易尝的生活清泉，它能开展宽阔心胸，创造智慧自性。

尤其是生活在忙碌社会的现代人，凡事讲求高效率、处处面临高竞争，步调快速变迁，以致精神上常有难言的苦闷，被压迫得喘不过气来，总希望在心灵上能觅得一股清净自在的泉流，以纾解焦虑急躁不安的心。

多年前，星云大师应台湾电视公司邀请，主持“每日一偈”单元节目，惠允大众的要求，将全部内容付诸文字，编辑成《星云说偈》，时隔多年，仍历久不衰，日渐沉香。

编辑小组特别从中遴选数十篇简洁精练、发人深省的文章，冀望读者能从中一睹禅宗祖师充满智慧的哲理名言，亦能在字里行间，感受星云大师深入浅出的般若智慧。最后，祝愿每位读者在阅读过后，皆能心开意解、茅塞顿开，并落实于起居坐卧之中。

目 录

第三章

第四章

第五章

第六章

第七章

第八章

第九章

第十章

第一章

人间好时节

春有百花秋有月，夏有凉风冬有雪。

若无闲事挂心头，便是人间好时节。

——宋·无门慧开[①]/《碧岩录》

这一首诗偈，是无门慧开禅师写的，对如何做人处事、安身立命[②]做了一个很好的开示。

“春有百花秋有月，夏有凉风冬有雪”，春天的百花开了，秋天的月亮特别皎洁，夏天吹拂着徐徐凉风，冬天飘着皑皑白雪，春夏秋冬四季分明的更替，就像生老病死的过程。在现实生活里，经年累月酸甜苦辣的日子，假如能将生老病死的无常[③]、荣辱得失的好坏，都不挂在心上，那就是人间最好的时节了。

人并不是拥有良田千顷、广厦千间就能快乐满足的，真正的快乐是有智慧，没有挂碍！一个人即使钱财再多，名位再高，若有人我的挂碍，有人我的是非，有名闻利养[④]的百般计较，家事、国事、心事太多，心理压力就太重。钱财越多，名位越高，徒然越放不下，又有什么意义？

一个学生功课压力太大，他会受不了；一个公务员的事务太忙，也会压得喘不过气来。我们要学习举重若轻的心胸，减少心理的压力，才能轻松自在，真实体会到人生的意义！

所以“若无闲事挂心头，便是人间好时节”，什么是人间好时节？只要心好，看人一切都好，父母爱我，子女孝顺我，朋友对我好。你感到人好，你自然就会待人好；你感到事好，做起事来就会得心应手；你感到境好，走在路上，躺在椅子上，一切都是那么美好！真是“心中无事一床宽，眼内有沙三界[⑤]窄”。

一个人光是要求世间好、环境好、朋友好，是没有用的，要先求自己好。要能从心好起，才能感受到世界一切都美好。事好、人好、话好，无一不好，那便是人间好时节了！

【注释】

①无门慧开：宋代临济宗杨岐派僧。浙江钱塘人。广习经论，于南峰石室独居禅思，忽有省悟，乃出礼谒诸山尊宿，得法于江苏万寿寺月林师观禅师座下。晚年居于西湖边，宋理宗（赵昀）曾诏至选德殿说法，为宫中祈雨得感应，遂敕赐金襴衣及“佛眼禅师”之号。

②安身立命：指尽人事行道，并随顺天命而安住其心，不为一切外物所动。

③无常：谓世间一切事物不能久住，都处于生灭变异之中。

④名闻利养：指欲求名声远闻及贪求财富之利益。《菩提心论》：“凡夫执着名闻利养资生之具，务以安身，恣行三毒五欲；真言行人诚可厌患，诚可弃舍。”盖名闻与利养皆为修道者之障碍故。

⑤三界：指欲界、色界、无色界。此三界是凡夫生死往来的境界。

【思考】

1. 什么是人间好时节呢？

2. 你如何化解生活中不如意的事？试举例说明。

3. 简述人生的意义为何。

4. 请用熟悉的曲调，唱这首诗偈，并分享读后心得。

人身难得

人身难得今已得，佛法难闻今已闻。

此身不向今生度，更向何生度此身？

——《缁门警训》

《法华经》[1]里有个海龟喻，意思是说想要得到人身，就如一只盲龟，在大海中漂流，要找到一根可以依靠攀救的木棍非常不容易，尤其木棍上还要有个孔，让盲龟的头伸出来以便漂浮，实在是难上加难，所以说“人身难得”。经典又喻示“得人身如爪上泥，失人身如大地土”，人身难得，生命易逝，我们能不好好珍惜这宝贵的人身吗？

“佛法难闻”，要听闻佛法也不容易。今天有很多人能讲说佛法，但能讲得契理契机的很少；有时讲说者的观念不纯正，常会以盲导盲，把信徒导入邪路上去。或者讲经的人太执着[2]，使闻法者执迷，不能接触到真正的佛法。有些人劝他们听闻佛法，却推说没有时间，缘分未到，可见佛法难闻。

“中国难生”，中国是指无论在政治、经济、文化都很优秀的国家，其他争战连连，经济萧条，文化低落的国家则称为边国。并不是每一个人都有福报可以出生在富强安乐的国家，像现今中东战争不断，难民潮一波波，非洲也是种族冲突，饥馑连连，人民百姓都很苦。人生在世，能有平安富足的生活，能受良好的教育是十分不容易的。

佛经上说：人有三件事比天人[3]殊胜，第一是记忆，第二是梵行[4]，第三是勤勇。所以，生而为人，要懂得修持；即使是天人，若只知道享福，而不知道修持，当福报享尽时也会堕落的。

人，是位处在上生天界与堕落恶道的枢纽。我们既已得到人身，如果不趁早精进修持，在这一生结束前求得度脱，将来要向何处去超度此身呢？因此，如何在此生继续向上提升而不下堕恶趣，实在是攸关生死的大事啊！

【注释】

①《法华经》：此经为佛陀晚年在印度灵鹫山所宣说，自古以来一直被佛教修行者尊为“诸经之王”。整部经典以庄严瑰丽的故事、巧妙的譬喻和预言贯穿，文辞优雅，充满文学性与隽永趣味，充分显证了佛陀慈悲的教义。

②执着：指对某一事物坚持不放，不能超脱。

③天人：指住于天界或人界之众生。

④梵行：指僧俗二众所修的清净行为。

【思考】

1. 试述本文大意。

2. 佛经记载，人有哪三件事比天人殊胜？

3. 为什么说“佛法难闻”呢？

4. 请分享这篇文章中，你感受最深刻的一句话。

三步想

向前三步想一想，退后三步思一思。

嗔心[1]起时要思量，熄下怒火最吉祥。

——古德[2]

过去，有一个长年在外做生意的商人，很少回家探望太太，到了岁末，他就上街买东西准备回家过年，看到一个老和尚挂着卖偈语的招牌，他好奇地问：“这偈语卖多少钱？”老和尚回答：“十两黄金！”商人一时好奇，付了十两黄金，就得到老和尚告诉他的这首偈语。

商人听后有些失望，心想：这四句话就要十两黄金，太贵了吧！可是对方是个老和尚，也实在不好计较。临走时，老和尚还一再叮咛商人：“把这个偈语记好哟！回家很管用的！”

商人披星戴月地日夜赶路，回到家已三更半夜，除夕都快过去了。因为大门未上锁，商人直接走到自己房间，床上挂着蚊帐，商人正要唤醒太太，猛然在微弱灯光下，看到床前有一双男人的鞋子，商人心想：一定是太太趁我离家时，不甘寂寞私会男人。立刻怒火中烧，跑到厨房抓起菜刀，就要挥向自己的妻子。

他忽然记起老和尚的偈子：“向前三步想一想，退后三步思一思。”怔了一怔，就依言进三步退三步，就在这一进一退之间，把躺在床上的妻子惊醒了，商人指着床底下的鞋子兴师问罪。太太委屈地说："你出去这么久不回来，过年了，我不能不放一双男人的鞋子等你回来，图个团圆吉利呀！"

商人一听，立即扔下手中的刀，大叫："这偈子太便宜了，值得千两万两金啊！"

意思是说：若不是这一首偈语的开导，今天可要闯下弥天大祸了！所以，《金刚经》[③]有言：受持一四句偈[④]，胜过三千大千世界[⑤]七宝[⑥]布施的功德。

【注释】

①嗔心：指愤怒怨恨的意念，为修学佛道上最大之障碍。

②古德：乃对古昔有德高僧之尊称。或尊称古佛。《景德传灯录》卷二十八："先贤古德，硕学高人，博达古今，洞明教纲。"

③《金刚经》：全一卷。后秦鸠摩罗什译。内容阐释一切法无我之理。自古讲说此经者特多，尤以禅宗六祖惠能以来更受重视。

④四句偈：指由四句所成之偈颂。佛书所载偈颂，由四句组成者，字数多寡不拘。四句偈往往能涵盖经论佛法之要义，故经中云，以四句偈教人，或持受某四句偈，皆有甚大功德。

⑤三千大千世界：指宇宙浩瀚无垠，世界广阔无边。

⑥七宝：指世间七种珍贵之宝玉。《阿弥陀经》以金、银、琉璃、砗磲、玛瑙、珍珠、水晶为七宝。

【思考】

1. 嗔心生起时，应该如何熄灭？

2. 商人花了大把银子买了这个偈语，前后心态有什么不同？

3. 请分享一首你最为受用的偈语。

4. 从这篇故事中，你获得什么启示？

闲看的岁月

不结良缘与善缘，苦贪名利日忧煎。

岂知住世金银宝，借汝闲看几十年。

——晋·跋陀罗

世间最可贵的，不是黄金白玉，也不是任何有形的财力物资，而是缘分。人与人要有缘分，才能和合；人与事要有缘分，才能成功；人与社会、群我关系，都要有缘分，才能圆满各种功德。

要如何才能拥有缘分？就如农夫耕作，要播种才有收成，结缘就是播种。缘结得越多，善因好缘就会随之而来。人活在世间，如果只顾自己不顾他人，不肯跟人结缘，不肯替人服务，彼此没有良缘，没有善缘，就不容易得到助缘。所以说“不结良缘与善缘，苦贪名利日忧煎”。

有些人不是聪明才智高，也不是能干，然而要风得风，要雨得雨，总是得道多助①，靠的就是缘分。有的人才华盖世，一身机智灵巧，可是处处不如意，因为他没有广结人缘，自然坎坷难行。我们如果每天贪名图利，在名利的贪嗔风波里浮沉，不能给人欢喜，人家也不欢喜你，生活怎么会快乐呢？

“岂知住世金银宝，借汝闲看几十年”，我们在世间拥有的一切金银财宝，生不带来，死不带去，好像人家借给我们看的，看来看去只不过几十年，眨眼流失成空，何必迷恋呢？世间一切物，都是短暂的，都是借看的。房屋能住多少年？身体能活多少年？世间没有一件东西永远是我们的。

“万般带不去，唯有业[②]随身”，到了生死关头，妻子儿女不肯相伴，金银财宝流落别家，亲朋好友一一远离，其实我们什么东西都带不去，能带走的只有一生中身、口、意造作的业——善业、恶业。善业功德得带去，罪业孽缘也得带去。

世间有形的东西，我们都带不走，无形的“业”带得走。所以做人不要太愚痴，不要贪图一时的房屋、财产、衣饰，这都是倏忽消失的因缘[③]，很快就属于别人了。我们要寻求真实不变的因缘，不要被虚假的世相迷惑，找到自己清明自在的本性最要紧。

【注释】

①得道多助：行事合乎正道，会有许多助益。

②业：指一切善恶思想行为。好的思想、好的行为叫作善业，反之为恶业。

③因缘：因，指引生结果之直接内在原因；缘，指由外来相助之间接原因。

【思考】

1. 在生活中，你如何与人结缘？

2. 为什么说“万般带不去，唯有业随身”？

3. “清明自在的本性”指的是什么？

4. 请分享一则得道多助的故事。

旧日花

少小离乡不记家，回思往事总堪嗟。

故人犹想儿时面，枯木难开旧日花。

——明·憨山德清 /《憨山老人梦游集》

许多长年旅居外地的异乡游子，心中最大愿望，无非是叶落归根，回到自己出生的故乡。

“少小离乡不记家”，童年离开了故乡，如今人事全非，已记不得家乡与爹娘。但是，真正的故乡在哪里呢？我们流浪在生死海里，沉沦流转[①]太久，早已不记得自己的故乡在哪里；连自己的本来面目[②]都忘了，只好任凭生命列车在一站又一站的旅途中不断循环，无有了期。

“回思往事总堪嗟”，回想过去的人与事，总是慨叹时光匆匆，一去不复返。要回自己出生的故乡探视亲友故人，大家都会很欢喜，然而我们离开故乡实在太久了，即使现在想回去，不是杂务太多，就是欠缺盘缠路费。

其实，我们还有一个最后的真正故乡，更应该要回去。这个故乡是哪里？极乐世界[③]是我们的故乡，常寂光佛土[④]是我们的故乡，真如[⑤]佛性[⑥]是我们的故乡。要如何才能回到这个无始以来，我们生命本源的故乡？所谓“人身难得今已得，佛法难闻今已闻。此身不向今生度，更向何生度此身”，就是把握现有人身，如同准备路费一般地积聚我们的功德资粮。

“故人犹想儿时面，枯木难开旧日花”，我们的故人，还在回想着我们儿时的面貌，真是“少小离家老大回，乡音无改鬓毛衰。儿童相见不相识，笑问客从何处来”，一旦成为枯木，就难以再绽放昔日的花朵。我们离开家乡太久，儿时的面容再怎么努力记忆，也记不得了。一日不知自家面目，就一日不能解脱生死问题。我们要赶快找到自己的本源故乡，一旦无常到来，才知道还有一个千秋万世、究竟的归宿。

【注释】

①流转：漂流、辗转之意。即生死相续不断，辗转于三界、六道之轮回。

②本来面目：禅林用语。指人固有的心性。乃人人本具，不迷不悟之面目。

③极乐世界：指阿弥陀佛依愿力而形成的圆满世界。

④常寂光佛土：指诸佛如来法身所居之净土。又作寂光净土、寂光国、寂光等。佛所住之世界为真如本性，无生灭变化（常）与烦恼之扰乱（寂），而有智慧之光（光），故称常寂光土。此土乃佛自证最极秘藏之土，以法身、解脱、般若为其体，具足圆满“常、乐、我、净”四德。

⑤真如：指遍布于宇宙中真实之本体。

⑥佛性：谓一切众生皆有觉悟之性，指成佛之可能性。

【思考】

1. 本文的主要内容为何？

2. 试述“人身难得”的理由。

3. 文中提到的我们“真正的故乡”在哪里？

4. 何谓“自家面目”？

5. 读完本文，你有何省思或启示？

空谈无用

学道容易悟道难，不下功夫总是闲。

能信不行空费力，空谈论说也徒然。

——明·憨山德清 /《费闲歌》

参禅学道的人讲求悟道，然而要如何才能悟道呢？明代憨山大师在他的《费闲歌》里，做了很好的开示。

“学道容易悟道难”，你要学道吗？要学佛法吗？要研究经论吗？要参禅打坐吗？念佛诵经吗？“学道”是很容易的，“悟道”就不那么简单了，学道而不能悟道，是很可惜的。

“不下功夫总是闲”，有人说：我们学佛修道，只要相信就好，不必太认真，这样的观念并不正确。要想求道、悟道，却又不肯下功夫精进[①]修行，就如梅花不经历一番彻骨寒冬，如何能绽放扑鼻的芬芳？

我们求财富，想发财，但财富不会从天上掉下来。俗语说得好，钱财随着流水来，也要起个大早，赶上了潮汐，才能捞得到财富！所以“能信不行空费力，空谈论说也徒然”，无论在学术上，在工作上，在宗教体验上，光是空谈理论而没有认真实行是没有用的。

你在公司做事，要树立自己的良好形象，有的人斤斤计较工资的多寡、职位的升降等，反而忘了自己的本来面目。工资，并不是我们奋斗的唯一目标，一个人服务社会，除了工资以外，还有其他更重要的财富。比方说人家感谢我们，赞美我们，给予我们支持，认为我们的形象很好，对我们的工作很肯定，这些都是实践力行的收获！

所以，如果把人家的感谢、欢喜，把社会成就、自我良心的安慰，这些功德[②]因果[③]总结算起来，自然比金钱的价值高出很多！这才是我们终身工作、学道的真正价值！

【注释】

①精进：又作精勤、勤精进。谓勇猛勤策进修诸善法，亦即依佛教教义，于修善断恶、去染转净之修行过程中，不懈怠地努力上进。

②功德：亦谓行善所获之果报。

③因果：盖一切诸法之形成，“因”为能生，“果”为所生，亦即能引生结果者为因，由因而生者为果。

【思考】

1. 为什么学道容易悟道难？

2. 简述学佛修道应有的态度。

3. 分享一则曾经让你感动过的学佛修道的故事。

4. 你如何将所学的佛法运用在生活中？试举例说明。

谦让之美

万里修书只为墙，让他三尺又何妨？

长城万里今犹在，不见当年秦始皇。

——明·林瀚/《诫子弟》

过去有一位官宦子弟为了扩建房屋，修堵一面围墙，邻居认为他侵占到自己的土地，于是有了纠纷。这个官宦子弟不服气，便写了一封信给京城做大官的父亲，希望通过父亲的权势，胁迫邻居把土地让出来。为官的父亲看了，就回复这首诗偈给他。

“万里修书只为墙”，意思是说，儿子，你万里之外写信给我，只是为了一道围墙，就要我动用官府的势力吗？其实“让他三尺又何妨”，何必那么斤斤计较！世间如许广阔，你让人一点，难道就会少了什么？

“长城万里今犹在，不见当年秦始皇”，你看，万里长城如今依旧存在，可是当年叱咤一世的秦始皇到哪里去了呢？

人生无常，凡事不要太计较。世间哪一样东西是永远属于你的？哪一样永远是我的？就算是你的，我也可以分享呀！你种的花草树木，我可以欣赏；我开辟的道路、桥梁，你也可以行走。自古以来，谦虚、礼让，就是做人处事的一种美德。

曾有人问禅师[①]：“宇宙到底有多大？”禅师回答他：“只有五尺

高！”信徒不解地问：“那么，超过五尺的人类，要如何生活在这天地间呢？”禅师微笑说：“所以，凡事不得不低头啊！”一个有修为的人，通常是“谦谦君子，卑以自牧”。人的一生，纵然拥有再多的名利富贵，最后也是像过眼云烟一般，转眼即逝，真正能让人不朽的是立德②、立功③、立言④。

历来多少伟大的宗教家、哲学家，他们将道德留给人间，蔚为沛然风气；孔孟的学说言论，司马迁的《史记》，他们都是将智慧财富留给人间，把道德财富留给人间，把功业财富留给人间。

【注释】

①禅师：专意坐禅、通晓禅定者，称禅师。在中国，禅师之称，不限用于禅宗名德，于天台宗、净土宗、三阶教等专习坐禅者，亦称禅师。

②立德：树立德业。

③立功：建树功绩，建立功劳。

④立言：指树立精辟可传的言论、学说。立德、立功、立言，此谓“三不朽论”，最早出自春秋时期鲁国人叔孙豹之口，他说：“大上有立德，其次有立功，其次有立言，虽久不废，此之谓不朽。”

【思考】

1. 文中的青年，为了一堵墙，而写信给父亲，那是一个怎样的心态？

2. 你对“人生无常”有何体悟？

3. 历史上有哪些立德、立功、立言的故事？

4. 请为本文编写一段话剧。

智慧的重要

悲欢离合多劳虑，何日清闲谁得知。
若能了达僧家事，从此回头不算迟。

——清·顺治 /《赞僧诗》

这是清代顺治皇帝《赞僧诗》里的一段话。

“悲欢离合多劳虑，何日清闲谁得知”，人的一生，在世事无常中挣扎，在人情冷暖中计较，多少悲欢，多少离合，种种辛苦，种种劳虑，谁不希望享受一点宁静，享有片刻的安闲？可是在现实人生中，真正的清闲难求，宁静难得，也难怪连顺治皇帝都要慨叹“朕为大地山河主，不及僧家半日闲”，可见在忙碌的日子中，拥有一颗清闲的心是多么重要！

今日社会，放假制度普遍受到重视，因此每逢周末假日，有的人会安排各种休闲活动，让自己放松身心，待养足了精神，才好走更长远的路。然而也有很多人不懂得清闲的逸趣，被名缰利锁牵绊拖累，每天尽是忙忙忙，忙得忘失自己，不知道生活的乐趣！

“若能了达[①]僧家事，从此回头不算迟”，僧家事，不是指黄金、美钞、功名、感情……而是指自己有没有信仰，有没有发心，有没有慈悲、智慧，能不能与人结缘，可不可以安住身心。这些本分事都能了达完成，就“从此回头不算迟”了。

人在世间生活，往往因为无知、无明[②]，所以有种种的烦恼痛苦；有了智慧，则能够引导我们人生的方向，帮助我们提升自己、扩大自己。

为人处世，除了要有向前的勇气，也要有回头的智慧。回头，就要改心，将贪嗔痴[③]的心，换成戒定慧[④]的心；将污秽肮脏的心，换成清净无欲的心；把嗔恨心改成慈悲心。此外，还要换性，转换自己的性格，如将懒惰的性格换成勤劳的性格，把贪婪的性格换成喜舍[⑤]的性格，把傲慢的性格换成谦虚的性格。唯有不断地改心、换性，人格道德自然会日益增上。

【注释】

①了达：指对一切事理皆能了悟通达。

②无明：即暗昧事物，不通达真理与不能明白事相或理解道理之精神状态。

③贪嗔痴：指贪欲、嗔恚、愚痴三种烦恼。又称三火、三毒、三垢、三不善根。

④戒定慧：指戒律、禅定与智慧。戒，防止身口意恶业的戒律。定，防止心意散乱以求安静的法。慧，破除迷惑以证真理之道。

⑤喜舍：能令众生欢喜，且离苦得乐并施与所需。

【思考】

1. 为什么在现实人生中，清闲难求呢？

2. 顺治皇帝为什么会说“朕为大地山河主，不及僧家半日闲”？

3. 你最想改变自己的哪些习气？为什么？

4. 做人处事，如何给人留余地？试举例说明。

5. 文中哪句话，让你最为受益？

心头无事

青山几度变黄山，世事纷飞总不干。

眼内有尘三界窄，心头无事一床宽。

——日本·梦窗 /《山居》

日本幕府时代，曾担任过七朝帝师的梦窗[①]国师，因感悟人生，先后写了十首《山居》诗，这是其中一段脍炙人口的诗偈。

“青山几度变黄山”，人间沧海变桑田，桑田沦为沧海，世界是成住坏空[②]，人心是生住异灭，人生是生老病死，一切是那么变异，那么无常！

所谓“长江后浪推前浪，世上新人换旧人”，谁成谁败？孰得孰失？青翠山峦眨眼枯萎成一座黄山，春风一吹拂，又绿草红叶，花团锦簇。无常的阴影四处潜伏，谁逃得掉？谁躲得过？

“世事纷飞总不干”，世间的无常，心念的生灭，人生的老死，在这些无常的阴影下，如何能不受其影响呢？必须要证悟真如本性，找到自我，找到如虚空、遍法界的真我，到那个时候，大千世界都是一禅床。

有一个犯人被关在只有六尺见方的监狱牢房里，老抱怨空间太小，手脚都伸不开。有一天，牢房飞进一只苍蝇，犯人蹑手蹑脚扑过去，用力一抓，苍蝇飞到西边。犯人赶到西边，苍蝇又飞回东边。犯人左扑右抓，苍蝇忽东忽西，怎么抓都抓不到。这时他才领悟：平日一直嫌囚房窄小，但在今日捕捉苍蝇时，又嫌囚房太大！

“眼内有尘三界窄，心头无事一床宽”，我们眼睛容不下一粒沙子，心里容不了别人，甚至连亲人有时都嫌多余。如果能祛除贪妄，做到心头无事，处处不计较，时时能宽容，就可以心包太虚，量周沙界。就算你睡在方寸之小的床上，感觉也如法界之宽！

【注释】

①梦窗：日本临济宗僧。伊势人，为宇多天皇后裔。九岁，投平盐山寺空阿之室，学内外典籍。正应五年（1292 年）出家，从戒坛院凝然受戒，并巡游诸国，修学显密二教。敕赐“梦窗”“正觉”“心宗”等国师号，亦称“七朝帝师”。

②成住坏空：指成劫、住劫、坏劫、空劫四劫。指世界生灭变化之过程，从形成、持续、老坏至空无必经的四个阶段，亦是佛教对于世界生灭变化之基本观点。

【思考】

1. “青山几度变黄山”这句话给你什么感受？
2. 你觉得世间“无常”吗？为什么？
3. 如何才能“心头无事一床宽”？
4. 何谓“眼内有尘三界窄”？试举例分享。
5. 读过本文后，你觉得最大的收获是什么？

荷莲芬芳

不经一番寒彻骨，怎得梅花扑鼻香？

直饶热得人流汗，荷池莲蕊也芬芳。

——古德

一般人做事，多半喜欢从容易的开始，不喜欢向困难挑战，而这首诗偈，主要是勉励要有向困难挑战的勇气，努力则必有所成。

“不经一番寒彻骨，怎得梅花扑鼻香”，如果不经一番寒彻骨的努力，就不会有梅花扑鼻香的成就，凡事经不起魔劫[①]考验，跨不过艰难险阻，是不会成功的。梅花是冬季花卉，越经寒冷的霜雪催逼，香味就越沁人心；人要像梅花，在恶劣的环境下仍能独立峥嵘。

“直饶热得人流汗，荷池莲蕊也芬芳”，寒天冰雪经得起，炎暑酷热也要耐得住，才能算是千锤百炼。我们学佛修行，要有“大死一番”[②]的认识，不要只求凡事顺遂。山有崎岖，海有浪涛，人间不如意事恒常在，所以，行事要有周详的计划、审慎的思考，即使遇到挫折也要坚毅向前。如同荷花在肮脏的污泥里长得更茂盛，越炎热的气候越清香扑鼻。

人人有潜能，事事有因果，惊涛骇浪磨炼出好舵手，横逆挫折才看出真本领、真实力。困境里，一咬牙，把遍地荆棘当作阳关大道[3]走，一脚印一血痕，只消忍住、耐住，不怨天，不逃避，走出峰回又路转，总有柳暗花明的新境界。

在阴阳晦明的世路上，人生百味杂陈，酸甜苦辣固然要经得起，荣辱得失也要受得住，才能转逆境为顺境，反败为胜。阴天黑地里，心头一点清明的佛光[4]不灭，人生的灿烂快乐就永恒常在。

【注释】

①魔劫：谓命中注定的灾难。

②大死一番：指佛教真理并非肉体之死所能得，乃是舍弃身心之一切执着而达于丝毫不挂碍之境界始能得之。

③阳关大道：原指经过阳关通往西域的大道。后泛指康庄大道。

④佛光：指佛所带来的光明。佛教认为佛的法力广大，觉悟众生犹如太阳破除昏暗，故云。

【思考】

1. 试述本文大意。
2. 何谓“大死一番”？
3. “梅花”“荷花”各带给我们什么启示？
4. 在人生的旅程，你如何转逆境为顺境？试举例分享。
5. 请撰写 300~500 字的读后感言。

第二章

僧院花

欲悟色空为佛事[1]，故栽芳树在僧家。

细看便是华严偈[2]，方便风开智慧花。

——唐·白居易/《僧院花》

唐代诗人白居易晚年好佛，常往游龙门寺的香山寺，因此自称为“香山居士”，这首诗偈，就是他写的一首禅诗。

“欲悟色空为佛事”，大地山河宇宙的真理是什么？就是“空”。空，是宇宙的真理，有空才能生万法容万有。

空，是为建设而有的，如果茶杯不空，茶水要往哪里倒？口袋不空，皮箱不空，金钱、物品要往哪里放？房屋如果没有空间，沙发、床铺要往哪里摆呢？我们的耳朵不空、鼻子不空、口腔不空、肠胃不空，我们就活不下去了。所以，我们不要将“空”看成是空无，看成是没有，有虚空才有山河大地、宇宙万有。这也就是空即是色[3]，色即是空[4]的道理！

“故栽芳树在僧家”，空的真理在哪里？就好像把芬芳的花草树木栽在佛门寺院里。换句话说，真理在佛法里，在寺院里，在僧伽里！

“细看便是华严偈，方便风开智慧花”，一个不明白空才能包藏万有的人，会将一与多看成是两个。依《华严经》[5]的解释，一与多不是两个，是一个。多就是一,一就是多。像一个人、一个国家、一个世界、一个虚空，是“一”，而这里面包含多少器官、细胞？多少人口？多少国家？多少星球？一多不异，大小不二。

我们生活中，有清净，也有污秽；有菩提，也有烦恼；有圣，也有凡。如同粗涩的果子可以变香甜，酸苦的凤梨可以变甘美一样。在大小中，一粒沙子可以看到三千大千世界，一刹那间有无量无边阿僧祇劫[⑥]，故大小不二，净秽同体，圣凡皆然，是无际无二无别的。

【注释】

①佛事：一般界定为佛门的法会，这里指广义的佛教真理。

②华严偈：指《华严经》里的偈语：“若人欲了知，三世一切佛。应观法界性，一切唯心造。”

③空即是色：指人间之物质、身体本系空无实体，而由地、水、火、风四大和合而成。

④色即是空：谓一切现象皆为空幻，无有实体。

⑤《华严经》：本经系佛陀成道后，于菩提树下为大菩萨所宣说之经典。

⑥阿僧祇劫：阿僧祇，意为无量数、无央数；劫，为极长远之时间名称，有大、中、小三劫之别。三度之阿僧祇大劫，即称三大阿僧祇劫，指菩萨修行成满至于佛果，所须经历之时间。

【问题】

1. 白居易“欲悟山空为佛事”，最后他悟到了什么？

2.《华严经》对宇宙的看法为何?

3. 何谓“空有不二”?

4. 何谓“一即一切”?

富贵福田[①]

性定伏魔朝朝乐，妄念不起处处安。

心止念绝真富贵，私欲尽断真福田。

——古德

“性定伏魔朝朝乐”，我们的本性如果安住在禅定里，就可以降伏魔怨[②]，过着朝朝喜乐的生活。

我们的真如[③]自性[④]要如何才能安住在禅定里？这就要看我们能不能把握自己、明白自己了。

什么是我们的魔怨呢？情爱虽然甜蜜，却是最麻烦、最难缠的魔怨；金钱很可贵，但也为我们带来不少痛苦；人人追求权位，然而位高权重，背后是多少的陷阱，我们如果不能把金钱关、爱情关、名位关等魔关一一降伏，就不可能有朝朝快乐的生活。

“妄念不起处处安”，假如我们能将不切实际的空想、幻想、乱想止住，过着随缘[⑤]、随分[⑥]、随喜[⑦]的生活，尽量不让妄念生起，何处不能安乐呢？

“心止念绝真富贵”，谁是世界上真正富贵的人？就是能心止念绝的人。心念止定，一丝妄想都不生；念绝处，一点妄念都不会有，自然安住在真如里，安住在自性里，安住在平安快乐里。

“私欲尽断真福田”，把内心的私欲统统断绝，就是福田了！社会上有很多畸形现象，如贪污。个人贪污，集体贪污，还有官员借着权势贪污，一旦东窗事发，锒铛入狱，身败名裂，真是悔不当初。我们要将私欲断除，无贪无求，人品自然高尚。所以有一句话说，文官不爱钱，武官不怕死，国家社会自然富强！

人生于世，我们努力发挥生命光热，利益人间，就是造福国家的福田，就像是弘法利生[8]的福田僧一样。

【注释】

①福田：凡敬侍佛、僧、父母、悲苦者，即可得福德、功德，犹如农人耕田，能有收获，故以田为喻，则佛、僧、父母、悲苦者，即称为福田。

②魔怨：指恶魔。因恶魔向人行恶，为人之怨敌。

③真如：指遍布于宇宙中真实之本体，为一切万有之根源。

④自性：指诸法各自具有真实不变、清净无杂之个性。

⑤随缘：谓随顺因缘、顺应机根之缘而定行止。

⑥随分：谓随能力、资质之限度而行。

⑦随喜：谓见他人行善，随之心生欢喜。

⑧利生：指佛、菩萨之济度利益众生。

【思考】

1. 什么是我们的魔怨？试举例说明。

2. 谁是世界上真正富贵的人？

3. 如何做到“心止念绝”？

4. 为什么说“私欲尽断真福田”？试阐述之。

求心寻宝

三际求心心不见，两眼看前眼不见。

划波寻宝宝不见，风花雪月却常见。

——《禅宗颂古联珠通集》

我们想要想求的东西不易见，不要的反而常常看到；真的看不到，假的却不时在眼前围绕。

“三际求心心不见”，三际，是佛教将时间分成过去、现在、未来三个阶段，称为“三世”，又叫“三际”。三际求心，就是《金刚经》所谓的“过去心、现在心、未来心”。过去心念已过去，不会停留；现在心正在刹那分别，没有停下来，也不可得；未来的心还没有生起，不知下个念头是什么，也不可得。所以说，三际求心都不可得。

这其中有个典故：过去北方有位德山[①]禅师，听说南方六祖[②]大师正在传授顿悟成佛[③]的法门，德山禅师很傲慢地认为南方哪有什么真正佛法？很不服气，就写了一部注疏《金刚经》的《青龙疏钞》，想到南方驳斥顿教法门[④]。

他挑了一担手抄本经书，直往南方赶路，半途肚子饿了，在一家老婆婆开的小吃店里用点心。老婆婆看他那副傲慢的样子，一谈之下，知道他对南方禅学不满，老婆婆便说：“禅师！我想请教您一个问题，如果您答得出，我就把点心供养给您；如果答不出，您的《青龙疏钞》就不必带去了。”

德山哪会把一个老婆婆放在眼里，因此傲慢地说：“您尽管问好了！”老婆婆问：“《金刚经》说：‘过去心不可得，现在心不可得，未来心不可得。’请问禅师：您现在用点心，要点的是哪一种心？”德山禅师茫然不知所对。

“两眼看前眼不见，划波寻宝宝不见”，心爱的宝剑从船上掉进江里，在江心上画个记号，以为可以凭着记号找回宝物，但这是不可能的。“风花雪月却常见”，风、花、雪、月不关重要的倒是常常见到，所以要找真的东西，并不容易！不要轻易被外境迷惑，也很重要。

【注释】

①德山：唐代僧。法号宣鉴。年少出家，二十岁受具足戒，于大小乘诸经贯通旨趣，因常讲《金刚般若经》，时人称为“周金刚”。

②六祖：唐代僧。广东新兴人，俗姓卢。幼丧父，家贫，鬻薪事母。偶闻诵《金刚经》，萌出家之志，遂投五祖弘忍座下，并嗣其法，后于韶阳曹溪宝林寺竖立法幢，大弘禅宗顿悟之旨，为达摩祖师入东土后之第六代祖师。

③顿悟成佛：主张“悟时即法性至理一体；一悟一切悟，而无阶级次第之分”之学说思想。东晋僧道生著《顿悟成佛义》，首倡此顿悟成佛说，引起佛教界长期之激烈论争。

④顿教法门：指禅宗六祖惠能大师创立的南宗法门。谓迅即证得佛果、成就菩提之教法。

【思考】

1. 为什么“三际求心”不可得？

2. 德山禅师对老婆婆的提问，为什么茫然不知所对？

3. 为什么“两眼看前眼不见，划波寻宝宝不见”？

4. 如何才能不轻易被外境迷惑？

医病良方

名医化导有来因，疾病伤寒先忌嗔。

脉理深微能率性，良方精细度迷津。

——清·普能真嵩

“名医化导有来因，疾病伤寒先忌嗔”，医生在为人治病时，要先知道病因在哪里，才能对症下药。比方说，伤寒病患忌讳嗔怒，先将情绪平稳下来，不要起嗔恨心，就比较容易治好。

佛陀有八万四千法门，专治众生八万四千烦恼病，如贪欲心重者，佛陀教他用不净观[①]来对治，观想不净的种种，自然不会再起贪爱。对于嗔恨心重的人，就教他慈悲观[②]，发脾气时，只要一念慈悲心起，怒气就发不起来了。若愚痴太重，就以因缘观[③]来对治，想到世间一切都是因缘会合，散灭无常，犹如飞尘与粪土，何必执着呢？只要懂得观照因缘、明白事理，又怎么会愚痴呢？有人散乱心重，就教他以数息观[④]来凝注心力。太执着自我的人，则用无我观[⑤]来对治。这就是佛法所说的五停心[⑥]。

石头无际[⑦]禅师有一剂心药方，是治心的妙药：“好肚肠一条，慈悲心一片，温柔半两，道理三分，信行要紧。中直一块，孝顺十分，老实一个，阴骘[⑧]全用，方便[⑨]不拘多少。”如果能把这一味药方运用到生活之中，就能得到很多方便。

“脉理深微能率性，良方精细度迷津”，对病者微细的脉理都能追查出来，才能开出准确药方医治他。像佛教中的六度，就是要度众生的六种毛病：布施度贪欲、持戒度毁犯、忍辱度嗔恨、精进度懈怠、禅定度散乱、般若度愚痴。药方那么多，都是在教我们如何去除贪嗔痴三毒，度迷得悟！

【注释】

①不净观：又作不净想。即观想自他肉体之肮脏、龌龊，以对治贪欲烦恼之观法。

②慈悲观：又作慈心观、慈愍观。乃多嗔之众生观想由与乐拔苦而得之真正快乐，以对治嗔恚烦恼。

③因缘观：又作缘起观、观缘观。乃观想顺逆之十二缘起，以对治愚痴烦恼。

④数息观：指静心专注呼吸的次数，可以对治散乱。

⑤无我观：又作界分别观。谓观想身由地、水、火、风、空、识六界所假合，以舍去我执之观法。

⑥五停心：又作五观、五停心观、五度门等。指不净观、慈悲观、因缘观、无我观、数息观，为息止惑障所修的五种观法。

⑦石头无际：即石头希迁禅师。唐代禅僧。广东高要人。曾礼六祖慧能、青原行思为师。天宝初年，居衡山南寺，结庵坐禅于寺东石台上，大扬宗风，世称石头和尚。

⑧阴骘：暗藏而不显露的德行。指阴德。

⑨方便：指佛菩萨应众生之根机，而用种种方法施与化益。

【思考】

1. 如何化导贪、嗔、痴心重的人?

2. 石头无际禅师的治心药方是什么?

3. 何谓“五停心”?

4. “六度”可医治众生哪些毛病?

5. 这篇文章，给你什么启示?

人人有个灵山塔

佛在灵山莫远求，灵山就在汝心头。

人人有个灵山塔，好向灵山塔下修。

——古德

佛陀在哪里呢？“佛在灵山莫远求”，灵山并非远在印度的灵鹫山[①]，“灵山就在汝心头”，我们每个人内心本具的真如佛性，就是灵山塔，所以“人人有个灵山塔，好向灵山塔下修”，真正要修行，应该是好好地往自己的心地下功夫。

过去有一个屠夫非常不孝顺母亲，然而对观世音菩萨却有热诚的信仰。他不辞千里到普陀山[②]朝圣，希望能看到活观音。到了普陀山东寻西找，始终看不到活观音，就问路旁一位老婆婆：“到哪里才能看到活观音呢？”老婆婆笑着说：“你要看活观音？他已经到你家去了！”屠夫大吃一惊：“嗬！到我家去了？真的吗？”老婆婆一脸虔诚：“当然是真的。”屠夫想了想，又问：“活观音是什么样子呢？”老婆婆说：“活观音衣服是反穿的，鞋子是倒着踏在脚上，你只要看见反穿衣、倒踏鞋的人，就是活观音。”

屠夫匆匆赶回去，回到家门已三更半夜了。急促的敲门声惊醒了熟睡的母亲，为了赶着开门，慌忙中把衣服穿反了，鞋子倒踏着。

门一开，屠夫一眼望见母亲这副样子，心里豁然惊觉，马上跪下来顶礼："观音老母！"那母亲也吃惊："你怎么啦？我是你娘，不是什么观音老母呀！"屠夫连连叩头："我到普陀山朝拜，有人亲口告诉我反穿衣、倒踏鞋的，就是观音老母！"

原来，堂前双亲你不孝，远方拜佛有何功？观世音菩萨是在我们自己家里，佛祖也是在我们心中，能孝顺父母，多行慈悲，多修道德，就是我们人人自性的一座灵山宝塔了。

【注释】

①灵鹫山：位于中印度摩竭陀国王舍城东北。山形似鹫头，又山中多鹫，故名。佛陀曾在此讲《法华经》等大乘经典。今多沿用此名泛称佛教圣地。

②普陀山：位于浙江定海县东海中之舟山群岛，为观世音菩萨之圣地。与五台山、峨眉山、九华山并称我国佛教四大名山。

【思考】

1. 文中的"灵山"指的是什么？

2. 屠夫是如何找到"活观音"的？

3. 你求过佛吗？为何而求？

4. 为什么读经、诵经，不如行经？

5. 从这篇文章中，你学习到了什么？

无嗔之利

面上无嗔是供养，口里无嗔出妙香。

心上无嗔无价宝，不断不灭是真常。

——均提童子

经典有云："一念嗔心起，百万障门开。"嗔恨心一生，业障[①]门开，所有的罪过都会出现。嗔恨心是非常可怕的。佛教将嗔恨心比喻为火，所谓"火烧功德林"，意思是说，平常做再多的功德，做再多的好事，一旦嗔火燃起，就轻易将这些功德毁坏了。

所以为人处世"面上无嗔是供养"，面容上不要有嗔恨的样子，要时常保持笑容。世界上最美的是微笑，世界上最好的是布施[②]，因此，最好的供养[③]是以微笑来布施。有些人以为信佛了，一定要用很多的钱去布施，用很多财富堆砌功德，其实不然，只要你多一点点笑容给人，那就是对人间最好的布施，也是最好的供养！

佛教中供养的种类很多，有饮食、衣服、卧具、汤药四事供养，也有香、花、灯、涂、果、茶、食、宝、珠、衣十供养，更有身、口、意三业供养，然而，真正最上乘的供养是心香一瓣[④]！发自我们心底的欢喜，表现在笑容上，就是最好的供养。

"口里无嗔出妙香"，与人相处说话时，没有讽刺，没有恶口、妄言、绮语、两舌，如《金刚经》所说的“真语者、实语者、如语者、不诳语者、不异语者”。口中说话不含刀带刺，不伤害对方，就是口出妙香了！

“心上无嗔无价宝”，心要能不起嗔恨心，先从面孔上不嗔恨，口里不出怒言，然后从心底做到没一点嗔恨的念头。心上无嗔，心常不忘为人服务，给人信心，给人欢喜，给人希望，给人方便。心上没有嗔恨，就是无价的珍宝！我们能安身立命，在没有嗔恨的身口意中，就是“不断不灭是真常⑤”的意境了。

【注释】

①业障：指由于过去的恶行所造成修行上的障碍。

②布施：指施与他人以财物、体力、智慧等，为他人造福成智而求得累积功德。

③供养：佛教称以香花、明灯、饮食等物品或种种善行，献给佛、法、僧或一切众生。

④心香一瓣：比喻心中对某人常怀精诚崇敬之意，其敬肃之心，如同焚香拜佛。

⑤真常：真实常住之意。

【思考】

1. 如何对治“嗔心”？

2. “面上无嗔、口里无嗔、心上无嗔”，哪一项比较容易做到？

3. 你认为世界上最美的是什么？为什么？

4. 日常生活中，你如何给人信心，给人欢喜，给人希望，给人方便？

主人翁

五蕴山头一段空，同门出入不相逢。

无量劫来赁屋住，到头不识主人翁。

——《指月录》

“五蕴山头一段空”，五蕴是“我”的代名词。我有一个身体，我有一个心理，我有一些活动，我有“色、受、想、行、识”五种身心的集聚。本来的“我”是真如自性，给五蕴无明盖覆，不能悟解，就有隔阴之迷[①]。前世的我，到了今生换了一个身体，隔一个阴阳界而生迷惑。

“色、受、想、行、识”中，色是物质的意思，也就是肉体；识是心识，是认识，是我们的精神。物质和精神集合在一起，有受、想、行的作用，成为人的言语、心念、动静，就叫作五蕴。

在佛法里，常说人身是四大五蕴的假合，四大就是“地、水、火、风”，表示物质的“色”，与“受、想、行、识”的精神体集聚在五蕴山。五蕴为什么叫作山？因为五蕴很执着、顽固，像顽山一样。世间上很多贪、嗔、痴都是因为有我执，人生一切的苦恼，也是因为有我执，一切自私也是因为有我执，实际上“五蕴山头一段空”，是不真实，是虚妄的。

人生短短几十年，如腐草与萤光，应该在短暂虚假的人生以外，寻找一个真实归宿。可惜，人不知道寻求真实的本来面目，反而任由五蕴欲念在眼、耳、鼻、舌、身、意六根里出入，大家钩心斗角，互相猜忌，真是“同门出入不相逢”。

“无量劫来赁屋住”，从无量阿僧祇劫以来，人好像租个身体居住，这个身体好像是我们的房屋，我们住在里面，房屋随时会倒塌，会腐朽，我们却毫不知情。“到头不识主人翁”，到头来对这个身体真正的主人翁都不认识，看不到自己的本来面目，不属于我们的，我们却执着不放；真正属于我们的，却不认识，想想实在可惜！

【注释】

①隔阴之迷：谓人往生后，神识投胎转世，不知自己前世因缘。

【思考】

1. 本文所说的“主人翁”指的是什么？
2. “五蕴”为何被比喻为“山”？
3. 试述“五蕴”的特性。
4. 为什么文中会将人生比拟成腐草与萤光？
5. 请分享这篇文章中你感受最深刻的一句话。

疑嫉之害

山也空来水也空，随缘变现体无穷。

青山绿水依然在，为人疑嫉难相容。

——南朝·宝志 /《万空歌》

这是南朝宝志[①]禅师的一首诗偈，意思是说：人间虽然变幻无穷，甚至“山也空来水也空”，但是却有不变的因果在。这个空，不是没有山没有水，反而是肯定山有山的内容，水有水的本性。

空，是佛教至高无上的真理，是妙有，凡事有空才能有，不空就没有了。比方说：房子要有空间才能住人，茶杯要空才能泡茶，皮包口袋有空间才能放东西。耳朵、口腔、鼻子、毛孔、五脏六腑要有空间，生命才能存在，如果眼、耳、鼻、口都堵塞了，不空了，生命怎能存在呢？

空是有，空是存在的。犹如虚空因为空，森罗万象才包容其中。有的人把空和有对立起来，认为有不是空，空不是有，其实空与有是一体的两面。在《般若心经》[②]里讲到“色即是空，空即是色”，意思是说：有就是空，空就是有，空有是一体的两面。

色是物质，空是精神，物质与精神要合起来，才有宇宙虚空的本体，才能“随缘变现体无穷”。空是本体，有了本体，千变万化都超脱不了这个空之外。

“青山绿水依然在，为人疑嫉难相容”，我们要了解到“空有相生”的真理，在时空环境中，宛如青山绿水因有空朗，因缘际会[3]之时随即存在；与人相处时，如你心中有任何疑嫉，即使世界再宽广，在你心中，也放不进丝毫人间的温情。因此我们应能不妒、不怀疑、不陷害人，把胸襟空出一片坦荡天地，让生命空出一世慈悲与造化，而拥有一个自自在在、洒洒脱脱、快快乐乐的生活！

【注释】

①宝志：南朝僧。又作保志。世称宝公、志公和尚。金城（陕西南郑）人。师事道林寺僧俭，修习禅业。谥号“广济大师”。

②《般若心经》：全一卷。全称《摩诃般若波罗蜜多心经》。略称《心经》。玄奘译。本经系将内容庞大之般若经浓缩，成为表现“般若皆空”精神之简洁经典。全经举出五蕴、三科、十二因缘、四谛等法以总述诸法皆空之理。

③因缘际会：机遇和缘分的结合。

【思考】

1. 为什么说“凡事要有空才能有”呢？

2. 请略述你对“为人疑嫉难相容”的看法。

3. 你最喜欢《般若心经》的哪一句话？为什么？

4. 读完本文，你有何省思或启示？

静坐的功德

若人静坐须臾顷，胜造恒沙七宝塔。

宝塔毕竟化为尘，一念净心成正觉。

——元·楚石梵琦

禅定静坐功德大，由这首偈语可以看出。你把宝塔建得天样高，造了恒河沙数无量多，这种种有为的功德，都不如你一念净心的功德大。

《金刚经》云："若善男子、善女人，于此经中，乃至受持四句偈等，为他人说，而此福德[①]，胜前福德。"为什么？因为财宝的布施是有数、有形、有限的，法宝的布施是无边、无量、无限的。"若人静坐须臾顷，胜造恒沙七宝塔"，静坐的境界，即使只有那么一会儿，但功德比发心建造如恒河沙那么多的七宝塔[②]还要大！

唐朝的裴休宰相有一个儿子，考中状元，已做到翰林学士[③]了，裴休希望儿子能到僧团中体会佛门生活，受一些佛法的熏陶，因此要他去寺院发心、奉献。这个翰林学士在寺院里每天挑水、砍柴，做种种辛苦劳累的工作，满身大汗淋漓，他终于忍不住发牢骚说："翰林挑水汗淋腰，和尚吃了怎能消？"我被汗水淋得腰身都湿了，你们这些和尚吃了我翰林学士挑的水，有何福德可消受？

正巧住持和尚走过听到，就顺口吟出："老僧一炷香，能消万劫粮。"翰林学士认为自己挑水、砍柴很辛苦，很了不起；而老和尚却说："老僧只要静坐一炷香的时间，心中息灭贪嗔痴，就可以消受万劫的粮食了。"可见静坐功德之大！

"宝塔毕竟化为尘"，宝塔虽巍峨，毕竟是砖砌木造，是有为法[④]，几十年，几百年，最多千年，总会毁坏。只有"一念净心成正觉"，才是永远的解脱。就像一个卖豆腐的人，偶到禅堂坐一炷香，忽想起几十年前的债务，就体悟到静坐的好处！我们在世上，每天忙忙碌碌，劳形伤神，能有五分钟的静坐，或每星期有一小时，乃至假日，抽空静坐片刻，疲乏的神智随即宁静祥和。净心，是多么可贵呀！

【注释】

①福德：指福分和德行。即过去世及现在世所行之一切善行，及由于一切善行所得之福利。

②七宝塔：亦即多宝塔。佛陀于灵鹫山说《法华经》时，忽于地下涌现七宝塔，高五百由旬，纵横二百五十由旬。多宝如来全身舍利，坐于其中。

③翰林学士：官名。唐代后期，往往以翰林学士升任宰相。北宋翰林学士仍掌制诰。清代以翰林掌院学士为翰林院长官，其下有侍读学士、侍讲学士。清末复置翰林学士，仅备侍读学士的升迁。

④有为法：指有作为、有造作之一切因缘所生法。

【思考】

1. 本文的主旨在传达一个什么样的道理？

2. “功德”和“福德”有何不同？

3. 试比较“有为法”与“无为法”？

4. 为什么说“老僧一炷香，能消万劫粮”？

5. 请分享静坐的经验。

第三章

空容万象

理事圆融泯自他，白云飞去了无遮。

海纳百川流不尽，空容万象是吾家。

——清·来果[①]

这是清末民初禅宗大德来果禅师《千字偈》里的一首诗。

“理事圆融泯自他”，世间万物，都具有理和事两个层面。有人做事太现实，缺乏远大的眼光，不能成就大事业；有人只会夸夸[②]空谈，不能合情度理，这都是不合事理。唯有天理、国法、人情都顾到，才能理事圆融[③]。

人世间诸般事相，往往都从对待产生，如：是非对待、你我对待、好坏对待。一有了对待，就有计较；一有了计较，就有是非。若能理事圆融，自然能泯除对待，消去差别，人我是非也就豁免了。

心中坦坦荡荡，自然“白云飞去了无遮”，能将心上的对待、比较消除，就能有平等安然的世界。禅宗祖师常开示：“不思善，不思恶。”一个人如果真能达到不思善、不思恶的境界，就是开悟！

“海纳百川流不尽”，海洋浩瀚，是因为不拒绝百川众流的汇集；泰山巍峨，是因为众山环峙，不辞土壤。

“空容万象是吾家”，世界上最大的东西是什么？是虚空。它能包容万物，也不挂碍万物的存在。朱元璋年轻的时候曾当沙弥，有一次回寺太晚，寺门已关，只好在寺门外露天而眠，因而作了一首诗：“天为罗帐地为毡，日月星辰伴我眠；夜间不敢长伸足，恐怕踏破海底天。”

心量宏大的人，气魄足，能屈能伸，有容人容物容事的胸襟。所以，我们要像包容万物的虚空，容纳异己，不排斥异己的存在，才能有容乃大！

【注释】

①来果：清末民初禅宗大德。湖北黄冈人，俗姓刘。号净如，法名妙树。幼即不食荤肉，聪慧善默书。七岁，闻邻僧诵读心经至“无智亦无得”句，豁然省悟，有出家之念。光绪三十一年至普陀山朝拜，遇五位苦行僧，遂私自出家。后往高旻寺，整治丛林规矩，制“高旻寺规约”，声明任何人皆不可擅自更动。故有云：“天下丛林不止单，守禅制者，独有高旻寺耳。”

②夸夸：浮夸、华而不实之意。

③理事圆融：即观平等之理性与差别之事法炳然而存，二者能相遍、相成、相害、相即、相非而圆融无碍。

【思考】

1. 何谓“理事圆融”？如何做到？

2. 试述“不思善，不思恶”的境界。

3. 如何培养有容乃大的胸襟？

常存清净心

入门便悉弥勒笑，出寺难求俗虑抛。

俗虑恼人无止境，不如时与世尊交。

——清·石莲

这是清朝石莲[①]禅师所写的一首诗偈。

“入门便悉弥勒笑”，我们到寺院参拜的时候，一进山门，经常可以见到一尊胖大身形、笑口常开的弥勒佛[②]，给人无限欢喜，因此世人称他“欢喜佛”。

“出寺难求俗虑抛”，离开了寺院，走入社会，陷身红尘，就很难保持欢喜，很难抛弃世俗的牵挂顾虑。

“俗虑恼人无止境”，世俗的忧虑烦恼永无止境，“不如时与世尊[③]交”，与其终日忧心挂虑，扰攘纷争，不如时时刻刻与佛交流，时时刻刻保有佛心[④]。

我们每天的生活里，一颗心就包含了天堂与地狱，时而有为善的心，所处的地方即是天堂；时而生起贪嗔、愚痴的心，又何异于地狱饿鬼道的轮回？我们每天不知道天堂地狱来回多少次。假如我们能存养一颗佛心、慈悲心，凡事给人欢喜，拔除众生的痛苦；给人帮助，替众生服务，那么我们就如同时时生活在天堂净土之中，清净快乐。

《说苑·杂言》云:“与善人居，如入兰芷之室，久而不闻其香，则与之化矣;与恶人居，如入鲍鱼之肆，久而不闻其臭，亦与之化矣!”就是所谓的“近朱者赤，近墨者黑”。常亲近圣贤，耳濡目染，自己也陶冶出圣贤风范;与恶人交往，如入鲍鱼之肆而不知臭，多少会受恶习的污染。

社会上有些人交友不慎，常常犯下弥天罪过，甚至牵累家人，就是“俗虑恼人”之害。我们起心动念的时候，要存佛心，“朝朝共佛起，夜夜抱佛眠”，自己即心即佛[5]，以佛心看待社会，看待世间，一切都是无限的美好，如同弥勒佛的笑容一样，每天生活在快乐里，何等逍遥，何等洒脱!

【注释】

①石莲:清代画僧。法号大汕，江苏吴县人。生于明朝末年，卒年无考。曾任广东长寿寺住持。康熙年间，越南国王阮福周迎往说法，颇受信重。

②弥勒佛:根据佛经的说法，弥勒将继释迦牟尼佛在未来世的时候，成佛度众生。我国的弥勒塑像多为笑容可掬的大肚比丘。

③世尊:佛十号之一。即为世间所尊重者之意，亦指世界中之最尊者。

④佛心:指人人心中本来具足之清净真如心。

⑤即心即佛:又作是心即佛、心即是佛。此系由《华严经》“心佛及众生，是三无差别”之思想而来。

【思考】

1. 如何将烦恼转化为清净快乐?

2. 请描述心中的“天堂”和“地狱”。

空费力

修行容易遇师难，不遇明师总是闲。

自作聪明空费力，盲修瞎练也徒然。

——明·憨山德清 /《费闲歌》

“修行容易遇师难，不遇明师总是闲”，修行很容易，要遇到明师指点不容易。古德说“人身难得，佛法难闻，中国难生，明师难遇”，要觅得善知识[①]，不是随便能寻获的。何况善知识必须具备：第一，自己要有证悟[②]；第二，要能通达真理；第三，有慈悲心肯教人；第四，要能方便权巧[③]地为人解说。

不遇明师可惜，遇到明师而“自作聪明空费力”更可惜。有的人自视很高，自认聪明，但没有师承指点，反被聪明误。

比方在佛门早晚课诵时，维那以棓（木制之棒）击鸣，以引领大众一起唱诵，维“那”（音 nuó），不是那么的“那”，如果没有老师教你，你一定不知道要念“挪”而念成“那”了。

佛陀的弟子大迦叶[④]尊者，“叶”本来是树叶的叶，但要念 shè，如果你念成 yè，就显示你没有经过老师指导。所以，自作聪明的人总是空费力气。

“盲修瞎练也徒然”，一个人如果认不清目标在哪里，很容易走错路，一错谬之千里，一错难以回头，要是有引路的人指点你，不就事半功倍了吗？所以佛陀在《佛遗教经》[⑤]里说："我如善导，导人善路，汝若不行，过不在导；我如良医，治病予药，汝若不服，咎不在医。"意思是：我是引路人，你若不依着我走，我也没有办法；我可以给你药方，你不吃，旧疾新病都消不了，不能怪我呀！

所以修行人最要紧的是学习前人的经验，在老师的指导下依教奉行，不依教奉行而盲修瞎练，徒然空费心力，也增加几分危险！

【注释】

①善知识：指正直而有德行，能教导正道之人。

②证悟：由实践而体得真理者。又称悟入。

③方便权巧：为引众生入于真实法而巧妙接近、施设、安排的法门。

④大迦叶：佛陀十大弟子之一。少欲知足，常修苦行，故称为"头陀第一"。

⑤佛遗教经：后秦鸠摩罗什译。内容叙述佛陀在拘尸那罗之沙罗双树间，入涅槃前，最后垂教之事迹，谓佛入灭后，当以戒为师，以制五根，离嗔恚、骄慢等，勉人不放逸，而精进道业。

【思考】

1. 试述本文大意。

2. 善知识必须具备哪些条件？

3. 在成长过程中，哪一位明师影响你最深？为什么？

4. 从师问学时，应抱持什么样的学习态度？

5. 请分享本文中你最受用的部分。

怨亲平等

若逢知己宜依分，纵遇冤家也共和。

宽却肚皮须忍辱，豁开心地任从他。

——唐·布袋

这是唐代布袋和尚[①]的诗偈，主要是勉励我们人我相处应有的修养与态度。

在生活中，我们有时会遇到志同道合的好朋友，也难免要遇到怨恨计较的冤家对头，在这样的情况下，要如何去看待它呢？

在茫茫人海里，能够拥有一个知心好友，实为人生一大幸事也。但是“若逢知己宜依分”，再好的朋友，也应该有个限度，如友谊的尊重、不共金钱的来往。朋友固然有通财之义，但一沾上利害得失，一有行差步错，钱财往往成为反目成仇的导火线，多年友情毁于旦夕，只因一时逾越本分，实在可惜！

“纵遇冤家也共和”，若是遇到冤家怨恨，也不必太过于计较，不必强人同己，要有容纳不同意见观念的雅量，冤家也是我们的逆增上缘[②]，可以激发我们精进[③]修行。

因此，真正有为的人，做事要做难做之事，处人要处难处之人，最好能有“宽却肚皮须忍辱，豁开心地任从他”的修养。寒山[④]大士曾问拾得[⑤]禅师说："如有人辱我、骂我、欺我、谤我、笑我、轻我、贱我、骗我、恶我，我应如何？"

拾得禅师回答他："你忍他、由他、耐他、让他、不理他，且过几年，看他又如何？"

所以我们与人相处，不必太斤斤计较，不要为了利害、得失反目成仇，甚至亲人眷属竟成陌路。如果希求人间太平无事，最好彼此有忍让的胸襟气度，忍一口气，风平浪静；退一步想，海阔天空。

【注释】

①布袋：五代高僧。法名契此，又号长汀子。明州（浙江）奉化人。姓氏、生卒年均不详。常以杖荷一布袋，故称为布袋和尚。世传为弥勒菩萨之应化身，中国多数佛教寺院所供奉的大肚弥勒，即为他的造像。

②逆增上缘：指妨碍自己修行之境遇，有时也能成为进入佛道的因缘。经典云："礼佛一拜，能除八十亿劫生死大罪。""念佛一声，福增无量"，这是我们的增上缘；而另有一种用挫折、打击的方法来帮助人进入佛道因缘的叫逆增上缘。

③精进：不懈怠努力向善、向上。

④寒山：唐代著名的诗僧。居浙江天台寒岩幽窟中，因不详其姓氏，故以"寒山"或"寒山子"称之。与国清寺僧拾得友善。好吟诗唱偈，有诗三百余首，后人辑为《寒山子诗集》三卷。

⑤拾得：唐代天台山国清寺隐僧。姓氏籍贯不详。

【思考】

1. 寒山与拾得的对话内容为何？

2. 本文告诉我们，逢遇知己或冤家，应该如何相处？

3. 试举例说说你曾经用什么方法化解与别人的恩怨。

深藏舌

莫说他人短与长，说来说去自招殃。

若能闭口深藏舌，便是修行第一方。

——宋·慈受怀深

俗话说："有人的地方，就有是非。"是非虽然处处可见，不过"是非朝朝有，不听自然无"，只要我们懂得处理是非，自然就不会受其干扰。

"莫说他人短与长"，与人相处，最忌讳飞短流长[①]，滋生误会，因此佛法常告诫我们"静坐常思己过，闲谈莫论人非"。流言蜚语，对人所造成的伤害，为人带来的苦恼，让人的信心动摇是非常强烈的。

我们如果能认清是非，即使对方讲得天花乱坠也不用怕。为什么？因为"说来说去自招殃"，一个心地清明的人，不会轻易被毁谤打倒，反倒暴露了传播是非者的愚昧。

"若能闭口深藏舌"，所谓闭口，并不是要我们像哑巴一般地不开口，而是当我们面对是非时，不说、不传、不听、不去理它。一般人常犯的毛病是自赞毁他，把我的一分好，夸成十分；把他的一分坏，毁成十分，炫己抑人，徒然多招反感。为人处世，如果能少说别人的是非，少论他人的短长，"便是修行第一方"了。

诵经念佛，固然是修行；实践佛法，更是大修行。好比真心赞美人，对人说好话，是给人信心；向人行注目礼，是给人欢喜；对人恭敬不记恨，不起嗔心，心口合一，这些都是修行的第一妙方。

因此，一个学道者应具有的风仪是：

一、光风霁月[②]的修养；二、海阔天空的心胸；三、端庄美妙的行仪；四、玉振金声[③]的言辞。能够依此自我勉励、自我要求，自能端正身心，远离是非，去除纷杂的人我烦恼。何乐而不为呢？

【注释】

①飞短流长：指没有根据的谣言到处流传，使人困扰。

②光风霁月：比喻心胸光明磊落，人品高洁。

③玉振金声：比喻德才兼备，学识渊博。

【思考】

1. 简述本文所要说的重点为何？

2. 闻听是非时，应该用什么样的态度面对？

3. 试述一位学道者应有的风仪为何？

4. 俗话说“祸从口出”，请谈谈所见所闻。

5. 请分享你的修行法门。

精进重要

世事纷纷如闪电，轮回滚滚似云飞。

今日不知明日事，哪有工夫论是非。

——明·念庵

“世事纷纷如闪电”，世间事，如石火电光①般易逝，如黄粱梦②一般无常易醒。在“南柯一梦”的典故中，养儿育女、升官发财的荣华富贵，梦一醒，就什么都没有了。现实人生也如此无常，如闪电般飘忽易逝。

“今日不知明日事”，世事疾速突变难以掌握，今日哪能预知明日事。俗语说：今晚脱下鞋和袜，不知明日穿不穿得上？如果我们真能体会“无常”，体会生命可能随时消逝，认识人生如此变幻莫测，生命不过是一沫水泡而已，哪有多余时间、工夫论说人我是非！

有名的懒融禅师有一天扫地时，被柴火烟灰熏得眼泪、鼻涕直流，有人见着了，就喊他：“禅师！把眼泪、鼻涕擦一擦吧！”懒融禅师一个白眼瞪回去：“我哪有闲工夫为世间俗汉揩鼻涕！”连揩拭自己鼻涕的时间都没有，忘我竟忘到如此地步，可见他精进的程度！

为人处世，应有“今日事，今日毕”的工作态度，不要将今年的工作推到明年，将现在的事情拖延到未来。

【注释】

①石火电光：形容极短促，一闪即逝。

②黄粱梦：比喻富贵荣华如梦一般，短促而虚幻。

【思考】

1. 略述“黄粱一梦”或“南柯一梦”的典故。
2. 何谓“无常”？试举例说明。
3. 试述“今日不知明日事”的心境。
4. 你会觉得“人生苦短”吗？为什么？
5. 试述阅读本文的感想。

生死之谜

未曾生我谁是我，生我之时我是谁。

来时欢喜去时悲，合眼蒙眬又是谁。

——清·顺治/《赞僧诗》

这首偈语，摘自清朝顺治[①]皇帝的《赞僧诗》，顺治皇帝说得很对，我们哪一个人知道自己是从哪里来的？父母未生我之前，我是谁？

我们都是生而欢喜，死而悲伤的人，但是什么是真正的悲？什么是真正的喜？

有一位禅师到施主家托钵[②]，恰巧这家主人生了儿子，恭喜道贺声盈耳不绝，一片喜气洋洋。禅师却在门口放声大哭，主人很奇怪地问："我家刚刚添了儿孙，大家都替我欢喜高兴，禅师为什么反而哀哭呢？"禅师回答说："我不是哭别的，是哭你家又多一个死人。"

生从死来，不生就可以不死，有生才有死。杜甫曾作诗说："酒债寻常行处有，人生七十古来稀。"后来的人对于生死长短除感慨之外，也有人因此打趣说："我年七十不为奇，前十年幼小，后十年衰老，中间只有五十年，一半又在夜间过去了，算来算去只有二十五年，二十五年又受尽多少奔波烦恼！"

现代人可以活到一百二十岁，但在无限的宇宙时空里，一百二十岁也是一蹴即过，更何况一般人并非个个有百岁高寿，很多人在黑夜里合眼蒙眬时，一口气上不来，就一命呜呼了！

生之喜，死之悲，是人之常情，但是一个有智慧的人，不会任宝贵的人生倏忽蹉跎，不会任自己醉生梦死。因此，我们对迷悟要警惕，对生死要豁达！

【注释】

①顺治：清代入关后第一代皇帝。即位后，由叔父多尔衮辅政。天资聪颖，吸收先进的汉文化，审时度势，对成法祖制有所更张，且不顾满族亲贵大臣的反对，倚重汉官。是清朝历史上公开皈依佛门的皇帝。

②托钵：以手承钵之意。亦即持钵游行街市，以化缘乞食。乃印度僧人为资养色身所作之行仪。

【思考】

1. 文中禅师为何而哭？

2. “生”从哪里来？

3. 试述顺治皇帝与佛教的因缘。

4. 这篇文章，给你的启示是什么？

忍的天下

怀恨难入菩提道，应修宽恕及慈悲。

成功不由别处得，唯依忍耐天下平。

——古德

有些人，口头上说是在学佛，行为上对佛法又能做到几分呢？慈悲[①]是佛法，他们没有多方慈悲；忍辱[②]是佛法，他们没有恒常忍辱；持戒[③]是佛法，他们并不精持戒法；喜舍是佛法，他们也不能悦乐喜舍。

所谓“怀恨难入菩提道”，一个学佛的人如果不懂得心怀仁慈，遇到一点不顺意，马上就起无明嗔火，是很难入佛道的；因为一个人在起嗔心时，最容易造罪业，自然不容易入菩提道。“应修宽恕及慈悲”，我们应以责人之心责己，恕己之心恕人的态度行事，将人我立场对调，将心比心，一定能事事顺遂。

“成功不由别处得，唯依忍耐天下平”。有一则寓言：在大殿里，大磬对佛祖抗议：“佛祖！我们同样都是铜铸的，可是信徒一进佛殿，就供果给你，献花给你，上香给你，礼拜也是对着你！我不仅享受不到同样待遇，信徒还要敲打我，口中念着‘拜佛不敲磬，佛祖不相信’——为什么这样不公平呢？”

佛祖说：“大磬！你不要怨恨，也不要生气，你要知道，当初人们铸造我成佛像时，我是忍了多少苦吗？耳朵多了一点就挖削刻凿，面部高了一点就敲打捶整！你要知道我是经过敲敲打打、削削挖挖的种种辛苦，才千锤百炼成为佛像的，当然大家就对我礼拜了！”

从寓言中可知忍耐的行谊是伟大的，忍耐的功德可以成就每一件事情。

在修持上，忍耐的法门比布施、持戒的功德都来得困难，也来得殊胜！

【注释】

①慈悲：指慈爱一切众生并给予快乐，能同感其苦，拔除其苦。

②忍辱：令心安稳，堪忍外在的侮辱、恼害，也就是凡加诸身心的苦恼、苦痛，都能忍受。

③持戒；戒可修善，并防身口意所作的恶业，不但自不毁犯，亦不毁犯他人。

【思考】

1. 为什么“忍”是一种力量？

2. 请分享一则因“忍”而成功的故事。

3. 读完这篇文章，最大的获益是什么？

第四章

长短

手携刀尺走诸方，线去针来日日忙。

量尽前人长与短，自家长短几时量？

——元·石屋清珙

这首诗偈是元代的石屋清珙[①]禅师所作。

偈中看似描写裁缝师的辛劳，每天只顾忙着为别人丈量尺寸、缝衣裳，而疏于为自己度量；实际上是暗喻我们，在人生道路上，我们是否也像裁缝师，终日忙碌于分别计量，不知为谁辛苦为谁忙？

“手携刀尺走诸方”，裁缝师手里拿着刀尺，各地奔波丈量，替人穿针引线缝衣裳，真是“线去针来日日忙”。我们虽不是裁缝师，也难免日日忙于和他人比较、分别，忙于自我的利益筹算，忙来忙去终究忙不出一个所以然来。

“量尽前人长与短，自家长短几时量”，人往往习惯于向外去看，丈量别人的长短，丈量别人的贫富，丈量别人的美丑，但是就不知道要反观自照衡量自己；两只眼睛只有看到别人，却看不到自己！

所以说，人一旦产生爱憎的心，就有“爱之欲其生，恶之欲其死”的心态，甚至有“顺我者昌，逆我者亡”的偏见，这是很可怕的。如果能像禅宗三祖僧璨[②]大师于《信心铭》[③]所写：“至道无难，唯嫌拣择；但莫憎爱，洞然明白。”遇事不分别、不计较、不存爱憎，就容易看清自己的面目。

这首诗偈主要是勉励我们，为人处世，当放开心胸广结人缘，凡事不比较、不计较；面对于人事的纷扰，则抱持“既来之，则安之”的心量，泰然处之。以责人之心责己，恕己之心恕人，经常反观自照自己在不在？自家宝藏有多少价值？自然可避开很多人生的陷阱。

自家的长短你几时量？不妨常常问自己！

【注释】

①石屋清珙：元代僧人，苏州常熟人。二十岁落发后，首参天目高峰原妙禅师，后嗣法于高峰和尚之法眷及庵信禅师。为曹洞宗一代名师。

②僧璨：隋代禅僧。籍贯不详。初以居士身参谒二祖慧可，得法受衣钵，年已四十余，隐于司空山。北周武帝灭法，师往来避难，隐居皖公山，人无知者。唐玄宗赐谥“鉴智禅师”。

③信心铭：为四言诗体，凡一百四十六句。内容系歌颂信心不二、不二信心之境界。于禅门中，常被用来讽诵。本篇思想强调远离一切对立、差别、是非得失之妄念，而住于平等自在之境地。

【思考】

1. 这首偈语主要是想告诉我们什么？

2. 如何做到不分别、不比较呢？

3. 如何才能让自己忙而不茫？

4. 问问自己终日忙碌的目的为何？

真面目

横看成岭侧成峰，远近高低各不同。

不识庐山真面目，只缘身在此山中。

——宋·苏轼 /《题西林壁》

这是宋代大文学家苏轼[①]所写的诗偈。

“横看成岭侧成峰，远近高低各不同”，指的是江西庐山的景致。庐山横看像岭，侧看像峰，又因观看的角度不同，而有远近高低之不同。

“不识庐山真面目[②]，只缘身在此山中”，只因为我们置身在庐山之中，而不能识得庐山的真面目。就如同我们在红尘俗世生活，天天为了吃饭、睡觉、工作而忙碌奔波，费尽心神，对于自己“生从何来、死往何处”的生死大事反而不知道。不能认识生命的真谛，就像“骑牛觅牛”的牧人一般，实在可叹。

过去，有一个少女照镜子，一时恍惚产生错觉，赫然看到镜中人怎么没有头？情急之下精神意志错乱，赶紧奔出门到处找头。见到这个人就叫：“还我的头来！”见到那个人也说：“还我的头来！”拉拉扯扯地到处跟人要头，半路遇到一位出家人，就扯着他喊：“还我的头来！”出家人看出她的病况，于是打了她一个耳光，少女怔怔地问说：“你为什么打我？”“我打你哪里了？”“你打我的头！”“头既然在你身上，为什么还要向我要头？”一句话让这位少女忽然惊觉，如梦初醒。

其实，每个人的内心都蕴藏着无限宝藏，却一味地向心外去求法，期望得到别人的帮助与开示，而不知要向自己的内心去探求。就如自家有两亩田却不耕耘，反而去替别人耕作一亩田，赚取点滴的工资，哪里会有自家收获来得多呢？

所谓“己立而立人”，自己能够帮助自己，才有办法进而帮助他人。只要精进不懈，努力奋发去开采我们心内的宝藏，勤于耕耘我们的心田，就能找到自己的本来面目，何须徒费工夫向外追求呢？

【注释】

①苏轼：字子瞻，号东坡居士，四川眉山人。为唐宋八大家之一。工诗词，并擅书画。尤以书法擅长行、楷，用笔丰腴跌宕，有天真烂漫之趣。其诗作常涉及佛法，主张禅净兼修。熙宁年间，在汴京作大阁以安置四菩萨像，写《法华经》。著有《东坡全集》《东坡易传》《东坡词》等。

②不识庐山真面目：比喻人因陷于事物环境中，以致只见局部，不能知道事物的全面。

【思考】

1. 略述本文宗旨。

2. “骑牛觅牛”的真正含义是什么？

3. 从少女揽镜的故事中，你有何体会？

4. “内心的宝藏”指的是什么？要如何开发？

命运在我

毁誉无凭由他去，荣枯有运莫尤人。

能知隐晦心常泰，不恋繁华性自真。

——古德

世间有好人也有坏人，好与坏，很难有一个标准。坏人污蔑好人，因此好人也变坏人；好人说坏人偶尔一念慈心，也是好人。一个人得到很多赞美，也可能同时招来多少毁谤。一个伟大的人物，你信仰他、了解他、崇慕他，他就是佛祖，就是神明；如果你不了解他，不信任他，他在你心目中就成为恶霸、魔鬼了。所以孔子看人，人人都是孔子；盗贼看人，人人都是盗贼。

“毁誉无凭由他去”，好与坏，有时候实在是毁誉无凭的。不管人家对我们称好说坏，都由他去，不必太计较。别人说我好，我未必真好；他人毁谤我坏，我未必就真坏。有时候批评我们的人，本身就是坏，这些坏是从他心中变现出来的，你又奈何得了呢？即使是已经成就的佛陀，也不免要遭受提婆达多[①]的陷害、毁谤，一切毁谤，不但无损于佛陀，反而更显出佛陀的慈悲、伟大！

没有黑暗就没有光明，没有罪恶就没有善良，没有坏人就没有好人。“荣枯有运莫尤人”，我们活在世上，顺利时非常顺利，挫折时重重挫折，不管好与坏，都不要怨天尤人，不怨父母，不怪神明，一切都是自己身心行为所造作，要了解命运操之在我，由我而变，不必怨天尤人。

“能知隐晦心常泰”，认识了生命的真相后，当进则进，当退则退，在这隐晦与显贵之间，能适应大众、环境的需要，心里自然就平了。

“不恋繁华性自真”，我们对世间的一切，要能够把持自己，不贪求五欲②六尘③，不让环境影响清明本性，努力改变五浊恶世④成为庄严的净土，让我们的世界更美好。

【注释】

①提婆达多：佛陀的堂弟。佛陀成道后，随佛陀出家；后欲学神通而得利养，想谋得僧团的领导地位，遭到否决，乃自立门户，其后在佛传中，都扮演着反对佛陀的角色。

②五欲：指染着色、声、香、味、触五境所起之五种情欲。

③六尘：指色尘、声尘、香尘、味尘、触尘、法尘六境。众生以六识缘六境而遍污六根，能昏昧真性，故称为尘。

④五浊恶世：谓尘世中烦恼痛苦炽盛，充满五种混浊不净，即劫浊（世代危厄，饥饿、疾病、战争不止）、见浊（没有正知正见）、烦恼浊（众生充满贪、嗔、痴的烦恼）、众生浊（众生多诸弊恶，不孝敬父母尊长，不畏恶业果报，不作功德，不修慧施、斋法，不持禁戒等）、命浊（众生多作恶业，致寿命极短）。

【思考】

1. 本文的主要内容为何？

2. 为什么“孔子看人，人人都是孔子；盗贼看人，人人都是盗贼”呢？

3. 你对“命运操之在我”有什么看法？

4. 何谓“不恋繁华性自真”？

5. 读完本文，你有何省思或启示？

上贤也不认识

从来共住不知名，任运[①]相将只么行。

自古上贤犹不识，造次凡流[②]岂可明？

——唐·石头希迁 /《景德传灯录》

这一首诗偈是唐朝石头希迁禅师所写的。

“从来共住不知名”，久远以来，我们就和一个跟我们最亲近的人住在一起，只是不知道他的名字罢了！他是谁呢？他就是我们自己的真如佛性！

人，最可悲的就是不认识自己，不知道自家本来面目，每天对着别人都叫得出张三李四，却不知自己是何等人物！

“任运相将只么行”，人，除了要认识自己外，更要任运随缘、自由自在地生活。要如何才能过任运的日子呢？一、要随缘生活；二、要随境安住；三、要随心度众；四、要随喜自在。

现在社会上，大部分人都是逆缘在生活，既不能顺着缘，当然就不可能随境自在；不能随境自在，就不容易安住。连安住都不能，还谈什么随心所欲地度众结缘呢？

世间多少麻烦，多少是非，都由不认识自己而起。“自古上贤犹不识，造次凡流岂可明”，古来那些成圣成贤的人，都还不能认识自己，何况是我们这些芸芸众生的凡夫，哪里会明白呢？我们对佛道若不去研习、自修，真理就永难明白，不明理不精进，就不会修行，不修行当然就不会明白自己了。

这首偈语，主要是教我们认识自己，才能任运随缘，不再造次沉沦于凡流之辈。

【注释】

①任运：亦即随顺诸法之自然而运作，不假人之造作之义。

②凡流：指平凡之人，庸俗之辈。

【思考】

1. “从来共住不知名”，指的是什么？

2. 文中提到，要如何才能过任运的日子？

3. 如何认识自己？

4. 从这篇文章中，你学到什么？

菩提路

白发苍苍似银条，老树无根怕风摇。

家有黄金贮百斗，难买菩提路一条。

——古德

白发苍苍的老人，就像一株老树，根座松散不牢固，当然怕风吹摇。人一到老，最怕的便是生死无常，即使家有万贯钱财，无常一来，什么也不是我的，再多的黄金也不能买一个不生不死的菩提路①。

什么是菩提路呢？正觉②，是我们的菩提路，弃绝一切的邪知邪见，正心诚意去做人，正觉就是我们的菩提路。

解脱③，是我们的菩提路，能够不被名缰利锁束缚，不被金钱感情束缚，解脱就是我们的菩提路。

幸福，是我们的菩提路，有人长寿活到一百二十岁，不幸福不快乐有什么意思呢？有人身体健康，不幸福不快乐又有什么意思呢？所以，除了健康、长寿外，我们应该还要有幸福，才是我们的菩提路。

涅槃④，是我们的菩提路，在短暂空虚的人生里，能求到一个不生不死，不怕风吹树摇的永恒，才是我们的菩提路。

有个白发苍苍的老人，有人问他：“老先生！您今年高寿多少啦？”

“我才四岁！”

“什么！您这样白发苍苍，怎么可能才四岁？”

“我过去醉生梦死，不知修行，不知为善，不知服务，不知助人，空过了一生。直到四年前，我才知道自利利人，自觉觉人，才知道修行免除生死，免除烦恼，我只有四年的信仰生活，感觉上只活了四岁！”

人生一世，不必有满天下的黄金白玉、钱财名位，最要紧的是要有道德、慈悲、信仰，这才是永恒的菩提路。

【注释】

①菩提路：指能断绝世间烦恼，而成就智慧圆满的解脱之路。

②正觉：谓证悟一切诸法之真正觉智。

③解脱：指由烦恼束缚中解放，而超脱迷苦之境地。

④涅槃：指佛教修行者的最高理想。一般指熄灭生死轮回后的境界。

【思考】

1. 什么是“菩提路”？

2. 为什么文中老人说他只有四岁？

3. 如何“自利利人”“自觉觉人”？

识得面目

抛却身心见法王[①]，前程不必问行藏[②]。

但能识得娘生面，草木丛林尽放光。

——明·憨山德清 /《憨山老人梦游集》

“抛却身心见法王，前程不必问行藏”，我们想见到宇宙的真理，识见自己的本来面目、自己的前程，就要抛却身心，不计较一己的荣辱得失，一切放下，真心的法王就会显现出来。至于自我的前程如何？富贵？荣华？疾苦？都不必问行藏了。

佛教的经典说：“欲知前世因，今生受者是；欲知来世果，今生做者是。”因果的道理揭示得清楚明白了，所以不必再问行藏，问因果，只要看看自己的行事为人，就可以知道自己命运的好坏了。

有些人沉迷求签问卜，不外想预知自己的未来怎么样。自己不积功德，不修因缘，向外妄求有什么用？不必别人替我们预卜，自己就可以心里有数。

过去有一个沙弥，本来世寿已尽，他的师父有神通，知道他余日无多，就让他回去和母亲见最后一面。沙弥在归途中，看到一堆蚂蚁被水围困，一念慈悲心生起，就随手摘一片树叶搭在水上，让蚂蚁逃生。他回寺以后，师父一看，因果骤变，他的世寿又延长了。

“但能识得娘生面”，只要知道自己的本来面目，识知自己的娘生面，就会知道自己的好与坏，念念向善，就“草木丛林尽放光”了。常有人问：花草树木能不能成佛？人能成佛，花草树木当然也能成佛，只要我们的心正直慈悲，世界就能正直慈悲！犹如云行雨施、风生水起，慈心世界多善人！

【注释】

①法王：佛之尊称。王有最胜、自在之义，佛为法门之主，能自在教化众生。

②行藏：指出处、行止或底细、来历。

【思考】

1. 如何重新改造自己的命运？

2. 试述阅读本文的感想。

第五章

慈悲手

若能转物即如来，春至山花处处开。

自有一双慈悲手，摸得人心一样平。

——宋·白云守端[①]

这是出自宋朝白云守端禅师的一首偈语。

“若能转物即如来”，修行，最要紧的是能转迷为悟，转邪成正。只要心念悠悠一转，转贪嗔痴为戒定慧，当下就好像从地狱升至天堂，世界就不一样了。

有一位老婆婆日日以泪洗面，忧心她出嫁的两个女儿：大女儿嫁给伞匠做媳妇，二女儿嫁给制作米粉的人家。每当天晴出太阳时，她就想到卖雨伞的大女儿，担心没有人买伞，日子怎么过？逢到淅淅沥沥的下雨天，她又忧心米粉没有阳光晒，二女儿的日子怎么过？老婆婆在艳阳天为卖雨伞的女儿哭，阴雨天又为卖米粉的女儿伤心，朝朝哭，月月哭，大家都称她为“哭婆”。

后来偶遇一位法师，法师对老婆婆说：“你可以把心念转一转，观念改一改。出大太阳时，先想二女儿的米粉晒得快，卖得多，财源滚滚而来；淫雨绵绵时，先想大女儿的雨伞应时对景，必然畅销。”老婆婆恍然有得，从此心念一改：天晴时，为卖米粉的二女儿笑；

下雨时，为卖伞的大女儿笑！于是老婆婆从哭婆变成笑婆，自此笑颜常开。

观念一转，有旋乾转坤之力，能转凡夫为如来[②]。“春至山花处处开”，能转境界、转感情、转事务，化暗为明，转逆为顺，心地清明愉悦，不就是春天吗？

“自有一双慈悲手，摸得人心一样平”，人人一双手，让它不杀人、不偷盗、不打人做坏事，转成慈悲喜舍[③]的手，替人服务，助人为善，安和乐利的世间就靠你我这一双慈悲手造就了。

【注释】

①白云守端：宋代临济宗杨岐派僧。湖南衡阳人。二十岁依柴陵郁得度，后至诸方参学。于杨岐方会禅师处得悟，承其法嗣。

②如来：为佛十号之一。意谓像过去诸佛那样地来，那样地去。

③慈悲喜舍：指佛菩萨为普度无量众生，令离苦得乐，所应具有的四种精神。又作四无量心、四等心、四心。

【思考】

1. 试述本文大意。
2. 文中老婆婆为什么能从“哭婆”变成“笑婆”？
3. 试述“转念”的意义，并试举例说明。
4. 如何善用慈悲的双手？
5. 读完这篇文章，你得到哪些启示？

真忏悔

罪业本空由心造，心若灭时罪亦亡。

心亡罪灭两俱空，是则名为真忏悔。

——古德

这首偈语对佛教的忏悔灭罪，有最直接的体认。平常我们所造的罪业很多，如：不应说而说错了话，不应做而做错了事，不应该得罪而得罪了人，内心千般懊悔、惭愧，只好用忏悔来涤除内心的罪恶感！

人非圣贤，孰能无过？知过要能改。佛门里不怕犯罪、犯戒，怕的是不肯忏悔改过。从事相上来看，你造了罪业，当然会有不好的果报，但就真实的本体来说，罪业都是有为法[①]，故罪业本空，它是由心造下这个罪业的。假如说，你能够将这个妄心灭了，“心若灭时罪亦亡”，一切是非、得失、荣辱都放下，哪还有什么罪业呢？

禅宗二祖慧可[②]请达摩祖师为他安心，达摩说：“你将心拿来，我为你安！”慧可找来找去，找不到，答：“觅心了不可得！”达摩一笑：“我已经替你安心了！”真心本自有，不需要再找一个法门来安，否则就是头上安头了！

过去有一个小偷，偷了邻居五十两银子。二十年后，他发达有钱了，想把银子还给邻居，可是邻居早已经往生，只好将钱还给他儿子，这个儿子不肯接受，因为往生的父亲不曾提过有人欠钱。小偷惭愧地说：“二十年前我偷了你们家的银子，二十年来我内心一直忧愁不安，就像住在心牢里服刑一样，请你救救我，一定要将钱收下，不要让我继续受苦！”

所以，做错了事，良心的谴责也是很可怕的。在还没有达到心亡罪灭、人我双亡的最高境界前，是不能安心的。我们要多多忏悔，在长者、佛陀面前，诚实真切地将过错发露③出来。或者是用心做善事，将功赎罪来忏悔。如果能达到无生忏悔④，达到人我双亡，那就是最究竟，也是最真切的忏悔了！

【注释】

①有为法：指有作为、有造作之一切因缘所生法。

②慧可：禅宗二祖。南北朝之僧。河南洛阳人。初名神光。又作僧可。幼时于洛阳龙门香山依宝静出家。北魏正光元年，参谒达摩祖师于嵩山少林寺。

③发露：谓显露表白所犯之过失而无所隐覆。

④无生忏悔：一切罪业皆从一念不了心性所生，若了心性本空，罪福无相，则一切法皆悉空寂，罪亦消灭。

【思考】

1. 为何说“心若灭时罪亦亡”？

2. 试述二祖慧可禅师的求法过程。

3. 何谓“无生忏悔”？

4. 读完本文，你有何省思或启示？

野草闲花（生命去来）

一年春尽一年春，野草山花几度新。

天晓不因钟鼓动，月明非为夜行人。

——宋·云盖智本／《续古尊宿语要》

在这个世间，四季变换，日月流转，都是很自然的现象。我们要从大自然中体会生命的意义，不要分别计较，要用正直、平常、无相[①]、无我[②]的心情去接受世间实相。

宋代云盖智本[③]禅师说“一年春尽一年春”，春天过去了，第二个春天会再来。“野草山花几度新”，春一到，草绿花开，一如文学家朱自清的“燕子去了，有再来的时候；杨柳枯了，有再青的时候；桃花谢了，有再开的时候。但是聪明的你告诉我，我们的日子为什么一去不复返呢？”对呀！春天过了会再来，花谢了，草枯了，会有再开再青的时候，可是我们的人生一去不复返，又怎么说呢？

“天晓不因钟鼓动”，天亮了，并不是敲钟擂鼓才天亮，不敲晨钟，天也一样会亮，这是自然如此，并不是有所求，有所为，因而受到影响。所以，天晓并不因钟鼓声而有所作为。

“月明非为夜行人”，没有夜行人，月亮一样明亮，我们的真如佛性也像月亮，即使路上没有行人，明月依然当空，依然朗照，大家对生命的不死要有信心!

在佛门里，许多证悟的高僧大德，他们对生死的态度很淡然，认为生要欢欢喜喜而来，死也要欢欢喜喜地去，因为他们明白生命的来来去去，就如同出外旅游、搬家乔迁，并不足以畏惧。重要的是，我们要把握现有的生命，为自己的生命开创出无限生机，那么，圆满的生命便永恒存在了。

【注释】

①无相：指摆脱世俗之有相认识所得之真如实相。谓一切诸法无自性，本性为空，无形相可得。

②无我：谓所有的存在现象，都没有一个恒常不变、自我主宰的实体。

③云盖智本：宋代僧。名守智，福建剑州龙津人。二十三岁受具足戒于建州开元寺。

【思考】

1. “一年春尽一年春，野草山花几度新”给你什么样的感受?

2. 何谓“无相”？请举例说明。

3. 你对“生命不死”有何看法?

4. 生命如何臻至圆满?

留心脚下

一条官路坦然平，无限游人取次行。

莫谓地平无险处，须知平地有深坑。

——宋·慈受怀深

在我们生活周遭，有许许多多的路，有宽阔的大马路，也有曲折的羊肠小径；有平坦的柏油路，也有颠簸的石子路；有崎岖的山路，也有高速公路。究竟哪一条路最好走、最安全？人间又有什么路是最平坦的呢？

很多人认为做官发财的路平坦，千千万万的人都在这一条功名路上奔波行走，你争我夺的，可不要以为地平坦，就没有危险，其实越是平平坦坦的地方，越是有暗坑，越是有危险。

唐朝的道林[①]禅师，经常栖身树上，像鸟筑巢一般地居住，因此大家都称他为鸟窠禅师。有一天，大诗人白居易[②]见到住在树上的鸟窠禅师，就对他说："禅师，住在树上太危险了！"

鸟窠禅师就回答说："我没有什么危险，太守大人，危险的是你呀！"

白居易心想：我安安稳稳站在平坦的土地上，我有什么危险？鸟窠禅师笑着说："宦途凶险，伴君如伴虎，浮沉无定，实在是随时随地都有危险。”

古人说：“天有不测风云，人有旦夕祸福。”现在的交通事故、车祸是怎样发生的呢？有时候越是弯曲坡度的路反而越安全，因为大家小心；越是平坦的大路，大家掉以轻心，越是危险。

我们平常生活要能居安思危，晴天或者阴天，要准备雨伞；白天就要准备手电筒，以防停电或黑夜，凡事未雨绸缪比临渴掘井更重要。事先不预防，危险随时都会发生在我们身边，所以一个有智慧的人，随时随地都会谨慎，免得临事惊慌失措。

【注释】

①道林：唐代牛头宗僧。杭州富阳人，俗姓潘，幼名香光。据《景德传灯录》卷四《道林传》载，师九岁出家，二十一岁至荆州（湖北）果愿寺受具足戒。后于长安西明寺随从复礼法师，研习《华严经》《大乘起信论》。复礼示以真妄颂，俾修禅那。代宗诏道钦禅师入京，道林参谒之，契悟心要。及南归，见秦望山有长松盘曲如盖，遂栖止其上，故时人称为“鸟窠禅师”；其侧有鹊构巢，故亦称“鹊巢和尚”。谥号“圆修禅师”。

②白居易：唐代诗人。字乐天，号香山居士、醉吟先生。儒家出身，聪慧过人。贞元十四年举进士，曾任翰林学士、太子左赞善大夫、刑部尚书等，逝世后追封“尚书右仆射”。白氏中年归佛，亲近高僧，从受净戒，习禅法。

【思考】

1. 为什么说白居易的处境比禅师危险？

2. 为何越是平坦之路，越有暗坑及危险呢？

3. 日常生活中，我们应为哪些事未雨绸缪？

4. “天有不测风云，人有旦夕祸福”，谈谈你的人生体验。

闭关之要

闭关容易守关难，不肯修行总是闲。

身在关中心在外，千年不出也徒然。

——明·憨山德清 /《费闲歌》

“闭关[1]容易守关难，不肯修行总是闲”，在佛门里，常有一些人说要修行，要闭关，说得神气活现。闭关，到底是怎么回事呢？

所谓“闭关”，就是找一间房子，把自己关到里面去，做一些专修的法门。譬如有的人要念佛，就闭念佛关；要看《法华经》，就闭法华关；看《华严经》就闭华严关。各种闭关者，可以依照他的兴趣、志愿来专修，但闭关最怕的是“身在关中心在外”，关房里面的修行，不是人人都做得到的。

如果在关房里面，心不能安宁、不能自在，心有所执着，有种种的烦恼困扰，不能安住，那就“千年不出也徒然”了。所以闭关最主要的是要将身心都关闭凝注起来，斩绝红尘俗念。一个修行的人在关房内，要先把自己缩小，以便养深积厚，将来出关后，再扩大自己，利益群生。

有的人犯了法，被关在牢狱里，虽也算在关中，但他是心不甘情不愿地被关起来，并不是在修行，不能称为闭关。而现在社会上的一般人，虽没有失去自由，但身心都有亏欠，常受良心道义的谴责，每天住在心的牢狱里，不得自在，虽没有关禁闭，却是日日坐心牢。

所以在佛教里，就有“不破参，不闭关；不开悟，不住山”的教示，自己没有开悟时，不能一个人独住深山；在还没破除烦恼时，不能随便闭关；因为烦恼未除，在关房中容易盲修瞎练而走火入魔。所以奉劝一般初参学者，不要心心念念想到深山里遁隐，不要着急，先打好修行的基础，打好佛法知识的根基，等到开悟了以后再住山，破参了以后再闭关，那个时候不管闭关还是住山就更上一层楼，能真正进入佛法的三昧②真谛了。

【注释】

①闭关：闭门谢客而隐居修行。特指禅僧停止为人接众之事，而一心一意于自室中坐禅修行。闭关者或阅藏研法，或专修一门，依各人预期之目标而有不同。期限亦不一定，有数月者，亦有数年者。闭关期间，以不出关房为原则。故关房外，须有人护持饮食、医护等事，称为护关。

②三昧：谓摒除杂念，将心定于一处的一种安定状态。

【思考】

1. 为什么“闭关容易守关难”？

2. 试述“闭关”的真正意义。

3. 为什么说要等到开悟或破参了才能闭关?

4. 本文给你什么启示?

烦恼的原因

深山毕竟藏猛虎，大海终须纳细流。

是非只为多开口，烦恼皆因强出头。

——古德

一般人往往习惯于双眼观看别人，说长道短，说是论非，却看不到自己。所谓是非者，是因为不认识自己，不知道自己，所以才容易招惹是非；如果人人都懂得反观自照，不看别人，只看自己，人与人之间就不容易产生是非了。

“深山毕竟藏猛虎”，猛虎终日卧藏于深山，不轻易在人烟稠密之处出现；一个真正有为的人，不会轻易炫耀表现自己，因为他懂得韬光养晦①，深藏不露，这才是高人。

“大海终须纳细流”，大海之所以成为大海，在于它不择涓滴细流，广纳江河溪水，自然能成就其浩瀚广大；人生若想成就伟大的功业，就必须像大海一般，包容涵藏万物。

“是非只为多开口”，世间的是非恩怨太多，往往是由不当的言语而来。一个人如果不懂得谨言慎行，难免会有矛盾、是非，终至招惹怨恨。“烦恼皆因强出头”，世间的烦恼从哪里来？从我们不认输、不肯吃亏的争强好胜心而来。

佛经里说到人的根本烦恼，有贪欲、嗔恨、愚痴、我慢[②]、怀疑、邪见[③]六种，即我们常说的六大烦恼，它会障碍我们的清明自性，是无明烦恼的根源，一切祸端都由它而来。要如何避免烦恼呢？好比拳头不轻易打出去，眼泪不轻易流出，等待养深积厚，自然会产生力量。因此一个人要懂得深藏，要能包容，就不容易有烦恼、是非。

当是非来临时，也有处理的原则：第一，不说是非；第二，不听是非；第三，不怕是非。所谓“是非朝朝有，不听自然无”，尽管是非在他人的嘴边搬来弄去，我们何必与他一般见识？何必认真计较？更何况“是非止于智者”，不擅于处理是非的人，才会锱铢必较地让自己陷入千烦万恼。有正知正见的人，就懂得运用“戒、定、慧”三学[④]、“慈、悲、喜、舍”四无量心[⑤]等佛法来涵养身心，自然可远离烦恼与是非！

【注释】

①韬光养晦：隐藏才智，不使外露。

②我慢：谓执我见而倨傲。视“我”为一己之中心，由此所执之“我”而形成骄慢心。

③邪见：指无视因果道理的谬论。泛指乖谬不合理的见解。

④三学：“戒”可修善，并防止身、口、意所作之恶业；“定”可摄散澄神、摒除杂念，见性悟道；“慧”能显发本性，断除烦恼，见诸佛实相。

⑤四无量心：指四种佛菩萨为普度无量众生，令离苦得乐，所应具有的精神。

【思考】

1. 为什么懂得深藏不露，才是高人、有为的人？

2. “是非只为多开口”，你对这句话有何看法？

3. 人的烦恼从何而来？

4. 应如何避免“是非”产生？

5. 何谓“六大烦恼”？如何对治？

平常最奇

最是平常最神奇，说出悬空人不知。

好笑纷纷学道者，意中疑是又疑非。

——明·专愚

“最是平常最神奇，说出悬空人不知”，学道修行的人，贵在平常心[①]，不要好奇多疑。最平常的，有时就是最神奇的，一旦说破了，反而失去了意义，尤其很多掀天揭地的事功都由平常而起，金字塔不是石头堆积的吗？

有一位禅师参禅打坐了几十年，一天夜半三更忽然大叫：“我开悟了！我开悟了！”一室大众被他一吼，统统惊醒，就问：“三更半夜大叫，到底你悟了什么？”禅师手舞足蹈地说：“我悟了！原来师姑是女人做的！”

佛教里，未结婚的修行女子称为师姑。师姑是女人做的，这是一句多么平常的话，还要你来讲？还好意思说是开悟？事实上，“师姑是女人做的”这句话不平常，神奇得很。为什么师姑是女人做的？为什么世间分别男人与女人？为什么我们要将你我他做种种分割？定出种种名称？所以“说出悬空人不知”，你说了，人也不知道，平常心不平常，不平常里可以了解平常。怕的是反常、异常、不正常，那就不好了。

今天的社会、个人，如果都能用平常心去看待一切，不要添油加醋，不要制造事端，社会就不会纷扰不安。只是，很可惜、很可笑的是很多学道者不懂得平常心的可贵，所谓“好笑纷纷学道者，意中疑是又疑非”，心里面一下子这样，一下子那样，疑是又疑非的，心被是非、好坏、善恶[②]所左右，怎么能入道[③]，又怎么能悟道[④]呢？

所以，假如你能真正做到以平常心过日子，则日日是好日，时时是良辰，处处是净土，人人是好人！

【注释】

①平常心：指日常持有的、不特别造作的心态。

②善恶：指善与恶。若再加上无记，则合称为“三性”。一般而言，善指顺理，恶指违理。然于经论中有多种不同说法，依《成唯识论》之意，能顺益此世、他世之有漏与无漏行法为善；反之，于此世、他世有违损之有漏行法为恶。其善恶之分际，在顺益与违损之差别。

③入道：指合于圣贤之道。

④悟道：即了见心性，彻悟大道。专心修习佛道，以期达到悟道之妙处，此乃各宗修道之共同究极目的。

【思考】

1. 为什么“最是平常最神奇”？请举例说明。

2. 试述“平常心”的意义。

3. “师姑是女人做的”这句话有什么含义？

4. 为什么学道者没有办法悟道？

袈裟可贵

天下丛林饭似山，钵盂到处任君餐。

黄金白玉非为贵，唯有袈裟披肩难。

——清・顺治 /《赞僧诗》

这是清朝顺治皇帝《赞僧诗》里的一段话。

顺治皇帝笃信佛教，尤其对禅学多有涉猎，经常亲近禅师参禅论道，可说是一位佛法素养很高的君主。他在这首诗偈里，将出家人修道崇高神圣的境界形容得很贴切，也流露出他对出家生活的钦慕之情。

“天下丛林饭似山”，过去佛教的寺院又称丛林，天下的丛林寺院，多得让出家修道的人吃饭、挂单[①]都不必忧愁。“钵盂到处任君餐”，钵盂[②]，指的是出家人随身携带的钵具，一般作食器使用，有“应人天供养”及“应个人之食量而食”的意思，因此又称“应量器”。只要具有出家人的资格，就可以“一钵千家饭，孤僧万里游”，钵盂随身地到处云水参学，多么洒脱自在！

“黄金白玉非为贵，唯有袈裟[③]披肩难”，世间什么最宝贵？以世俗的眼光来看，当然是黄金、白玉，但是以修道者的眼光看来，最宝贵的莫过于一生能够披搭上袈裟。袈裟，是出家人披搭的法服，又称“福田衣”。出家人披上袈裟，就等于穿了福田衣一样，堪为世人种植福田；同时也代表了他肩负绍隆佛种[④]，光大如来遗教，弘法利生的神圣使命。诚如晋朝慧远[⑤]大师所说：“袈裟非朝宗之服，钵盂乃圣贤之物。”袈裟、钵具对于一个出家人来说，是很重要的。

《大智度论》[⑥]有云：“孔雀虽有色严身，不如鸿鹄能高飞；白衣虽有富贵力，不如出家功德深。”一个人要出家修道，必须舍弃红尘的名利追求和贪爱，并非一般人都能够做到。然而出了家以后，潇洒超越的生活，又非一般世俗人所能比拟。

【注释】

①挂单：又作挂搭、挂锡、挂钵等。指僧人游方行脚，入僧堂挂其所携之衣被等于堂内之钩，有依住丛林之意味。

②钵盂：指僧人的食器。亦指传法之器。

③袈裟：指出家人所穿的法衣。

④绍隆佛种：即继承佛、法、僧三宝，并使兴隆之意。

⑤慧远：东晋僧。我国净土宗初祖。庐山白莲社创始者。二十一岁，偕弟慧持于太行恒山听道安讲《般若经》，颇有领悟，感叹“儒道九流皆糠秕”，遂与弟俱投道安座下，剃度出家。内通佛理，外善群书，为当代所宗，亦受国外僧众所钦敬。

⑥《大智度论》：为印度龙树菩萨著，后秦鸠摩罗什译。全书所引经典极多，为理解大乘佛教之重要论书。

【思考】

1. 顺治皇帝为什么会认为“袈裟披肩难”？

2. 谁是你生命中的贵人？

3. 如何做自己生命中的贵人？

草鞋钱

赵州八十犹行脚[1]，只为心头未悄然。

及至归来无一事，始知空费草鞋钱。

——宋·张无尽

这是唐朝赵州从谂[2]禅师的一则公案诗。

一位学僧问赵州参禅："宇宙有成住坏空，要是有一天，火烧初禅[3]，水淹二禅[4]，风吹三禅[5]，世界毁坏时，我们的肉身还会不会存在呢？"赵州禅师回答："随他去！"

赵州对自己的回答一直不满意，但也一直没有更好的悟解，就想出外寻师访道，因此有"一句随他语，千山走衲僧"的公案流传下来。

"赵州八十犹行脚"，意思是说：赵州禅师虽已年届八十高龄，还要寻师访道，究竟为了什么呢？"只为心头未悄然"，因为内心还不明白，不能就此放弃"生从何处来？死往何处去？"的问题参究。对于昨天的一切，明白吗？明年的因果，明白吗？未来的老病悲欢，能明白吗？这些都不明白，难道就可以"随他去"了吗？

过去的禅师们，毕生精力心血都用在深思上。父母未生我之前，什么是我的本来面目？什么是祖师西来意？念佛者是谁？我在吃饭，吃饭者是谁？我在睡觉，睡觉者是谁？这些生命意义都要明白，果真明白了，才算是找到自己的本来面目，才能够安心。

所以，赵州禅师出外行脚多年，“及至归来无一事，始知空费草鞋钱”，才知道生命的自觉只在方寸之间，不劳再营营外求。凡事都要直下承担，不需再向外驰求，一切不明白的，自己就要努力去寻求答案，找到自己的“本来面目”，方能迈向生命灿烂的菩提境界！

【注释】

①行脚：禅僧为了寻师访友及求证佛法而到处探访。

②赵州从谂：唐代禅僧。以赵州（河北赵县）为中心，大振南宗禅风，敕谥“真际大师”。

③初禅：指心能寂静审虑，感受到离开欲界之恶而生喜、乐，心感喜受，身感乐受。

④二禅：此禅定可对治初禅之贪、寻伺、苦、掉举、定下劣性五种修道之障碍，其境界是定心细微。

⑤三禅：因离脱二禅之喜乐，进一步欣求更高境界的胜法而精进修习。

【思考】

1. 为什么赵州禅师年届八十还要寻师访道？

2. 以前的人为什么要出外行脚呢？

3. 赵州禅师最后为什么会说“及至归来无一事，始知空费草鞋钱”呢？

4. 如何提升自己的生命价值？

第六章

善道之本

无戒欲求生善道，如鸟无翼欲飞空。

如人无足欲远行，亦如渡海无船筏。

——《华严经》

“无戒欲求生善道，如鸟无翼欲飞空”，凡事无因，不能有果，没有播种不会有收获。一个人没有受持戒律[①]，想求生善道，也是不可能的，就好像鸟想飞到天上去，却没有翅膀，如何高飞？又像“如人无足欲远行”，人没有脚，没有任何资具，想要远行，无异痴人说梦；“亦如渡海无船筏”，好比面对汪洋浩瀚的大海，没有船筏，怎么渡越呢？

所以，学佛学道，想要求得什么，要先播种：想发财，先学布施；想长寿，就要放生；要有人缘，先要对人好，跟大众结善缘；要想方便，就要常帮助人。凡事要先播善因，得果才会如我们的期望。

佛教把地狱、饿鬼、畜生称为三恶道；天、人、阿修罗[②]称为三善道。你若想生到天道去，必须具有生天道的因，也就是说，必须具有布施、持戒、禅定三福行[③]。假如你想求生到欲界[④]的天，只要布施就可以了；而色界[⑤]的天，除了布施之外还要加上持戒；无色界[⑥]的天，除布施、持戒之外，必须再加上禅定。所谓无戒，是指不持戒，不持戒的人是不可能求生天道的。一切的戒法，不外乎是戒贪、戒嗔、戒痴。

贪、嗔、痴怎么戒法[7]呢？有一首四句偈可以给大家参考："贪心[8]不着急，脾气慢半拍。痴迷转灵巧，骄慢化祥和。""贪心不着急"，你有欲望时，不要太急迫妄求，现在社会上一般人最大的病态，就是急功好利，一下子想发财富贵，不惜铤而走险。所以在有所贪求时，要慢慢地等待，不要急躁，想怎么收获，必先怎么栽，不可妄想一蹴而就。"脾气慢半拍"，嗔心起时，慢半拍再发作，比如要跟人吵架了，先想五分钟，等嗔火稍息，脾气就发不起来了。你如果能用戒来对治贪嗔痴，就能"痴迷转灵巧"，而得到"骄慢化祥和"的果报了。

【注释】

①戒律：指防止邪非之戒法规律。

②阿修罗：意译为"非天"，因其有天之福而无天之德，性情谄诈，似天而非。

③三福行：指求生极乐净土者应当修行的三种净业。

④欲界：指有情所住之世界。

⑤色界：乃天人之住处。此界之众生离淫欲，不着秽恶之色法，然尚为清净微细之色法所系缚。

⑥无色界：指超越物质之世界，但存识心。

⑦戒法：泛指佛陀所制之律法，乃众生之轨范。凡五戒、八戒、十戒、具足戒、三聚净戒、十重戒、四十八轻戒等律法，通称戒法。

⑧贪心：即随顺染法，染着前境而污染净心之心。若观察贪心实相，得以对治此心。《大日经疏》："云何贪心？谓随顺染法者；谓染着前境，即是染污净心。"

【思考】

1. 略述"戒律"和"法律"有何不同？

2. 为什么脾气要慢半拍？

3. 试举例说明，如何以戒对治贪嗔痴？

4. 请撰写一篇读后感言。

庄严自己

恒用戒香涂莹体，常持定服以资身。

菩提妙华遍庄严，随所住处常安乐。

——《佛说无常经》[①]

这首偈语出自《佛说无常经》，意思是说：一切善法，皆由持戒而来，我们要经常用持戒的香来庄严自己的身体，日常行为要以戒律为准则，也就是平常所说的非礼勿视、非礼勿言、非礼勿听、非礼勿动。此外，还要不乱杀而放生，不乱取而喜舍，不乱淫而有礼，不乱说而赞美，不乱吃而调养身心。

"恒用戒香[②]涂莹体"，五戒[③]、十戒[④]、八关斋戒[⑤]、菩萨戒[⑥]等规矩，都是庄严我们身心的妙法。"常持定服以资身"，经常穿着禅定的衣服来庄重自己的人格、道德。过去丛林里有很多老和尚，在禅堂一住就是几十年，他们如泰山乔岳的道风人格，就是在禅法里慢慢庄严起来的。

"菩提妙华遍庄严"，除了有戒、定外，真空妙有的菩提智慧、般若[⑦]妙华能升华我们的人格，与真理相应，成为一个真正的修道者。

菩提妙华的智慧，从发心[⑧]来，持戒要发心，修定要发心，对人服务或自我修行都要发心，有发心才能无事不办。譬如：吃饭发心，饭会吃得香饱；睡觉发心，睡得酣静；做人处事不发心，缺乏责任感，就不会敬业乐群，也无法得到他人的信赖。

这首偈子启示我们，做人处事要以戒、定、慧来庄严自己的身心；处处淡泊，时时自在，如孔子赞叹他的学生颜回“一箪食，一瓢饮，在陋巷，人不堪其忧，回也不改其乐”，就能“随所住处常安乐”，随时随处享有内心的幸福安乐！

【注释】

①《佛说无常经》：全一卷。唐代义净译。旨在阐说老病死之难免。又称《无常三启经》或《三启经》。

②戒香：谓戒律能涤除尘世的污浊，故以“香”喻。比喻持戒者之德名远闻。

③五戒：指不杀生、不偷盗、不邪淫、不妄语、不饮酒。

④十戒：指不杀生、不偷盗、不淫欲、不妄语、不饮酒、不香花严身、不歌舞观听、不坐卧高广大床、不非时食、不蓄金银财宝。

⑤八关斋戒：乃佛陀为在家弟子所制定暂时出家之学处。受者须一日一夜离开家庭，赴僧团居住，以学习出家人之生活。即不杀生、不偷盗、不淫、不妄语、不饮酒、不以华鬘装饰自身，不歌舞观听、不坐卧高广华丽床座、不非时食。

⑥菩萨戒：修学大乘菩萨所受持之戒律。

⑦般若：指能明见、通达一切事物及道理的高深智慧。

⑧发心：谓发愿求无上菩提之心。亦泛指许下向善的心愿。

【思考】

1. 试述“戒、定、慧”的意义？

2. “戒律”与“法律”有何不同？

3. 为什么说“发心就能无事不办”？

忍为高

忍字上面一把刀，为人不忍祸自招。

能忍得住片时刀，过后方知忍为高。

——古德

这首偈语主要在告诉我们，世间做人处事，方法千万种，最要紧的是忍耐、忍辱。

“忍字上面一把刀”，“忍”是心上刃，像一把刀插在心上，能够不叫一声苦，才算忍。平常布施①、持戒②的功德容易做，跟忍耐比起来，反而不及忍辱的功德大。忍的威力无与伦比，“忍一口气风平浪静，退一步想海阔天空”，忍，可以旋乾转坤。

“为人不忍祸自招”，一个不能忍耐的人，经常自惹灾祸麻烦，地低多淤水，酒多坏肠胃，逃也逃不掉。

“能忍得住片时刀”，就能少灾少殃：饥荒时，忍饥忍饿易熬活；贫苦时，忍贫忍苦早出头；困难时，忍苦耐劳容易过。最不易忍受的是心头气，很多人常常忍不下一口气，作出种种计较，招致怨恨暴戾，徒然害了自己。

匹夫之勇无异自暴其短，软拳头不打出去，就多留一份力量；眼泪不轻易流下，才能化悲愤为力量。激动时，不要火急毛躁，才显得出涵养功夫，才是真勇！

忍一忍，嘴上少说一些激愤的话语，脸上少露一些憎恨的气相，心里少留一些鄙陋的人我是非，统统不计较，保持一种气度，一种宁静，一忍，就万事云烟过眼。

能忍的人，往往是最后的胜利者。起嗔恨心、发脾气不能解决问题，唯有能忍，脾气一改，天地自宽，才能显现化暴戾为祥和的力量，所以说“过后方知忍为高”。

【注释】

①布施：指施与他人以财物、体力、智慧等，为他人造福成智而求得累积功德。

②持戒：指受持佛所制之戒而不触犯。《大毗婆沙论》列举戒行有清凉、安眠、得定、明镜等义，就清凉义而言，恶能热恼身心，戒则使之安适，故称清凉。

【思考】

1. 何以说“忍字上面一把刀”？
2. 请举例说明“为人不忍祸自招”的后果。
3. 为什么“忍辱”的功德，比“布施”“持戒”还大呢？
4. 如何培养“忍”的功夫？

自我承担

老病死生谁替得，酸甜苦辣自承担。

一剂养神平胃散，两重和气泻肝肠。

——明 · 憨山德清 /《醒世歌》

“老病死生谁替得”，人生旅途上，生老病死是人人必经的过程，谁也不能代替，各人吃饭各人饱，各人生死各人了。“酸甜苦辣自承担”，生活中所有的好好坏坏、甘苦酸甜，都要自己承担。承担的方式，是“一剂养神平胃散”，懂得养心神、修养自己的心地；“两重和气泻肝肠”，凡事心平与气和，才会受用无穷。

在世上，不要太指望别人给我们什么帮助。有两个学僧一同云游[①]参学[②]，由于旅途跋涉辛苦，甲学僧受不了，起了懈怠心，不想继续云游了。乙学僧百般鼓励，愿代甲学僧背行囊，以减少他的劳苦，但有四件事却帮不上忙。甲学僧不解地问：“是哪四件事？”乙学僧说：“吃饭、睡觉、大小便溺、生老病死，这是谁也帮不上忙的。”

人生的道路无论是崎岖或平坦，都要靠自己去走，酸甜苦辣也要自己品尝，没有一个人是永远的赢家，也没有一个人是真正的失败者。只要你有信心，只要你养神，只要你和气，能安忍[③]而无欲则刚，能忍辱则能忍自安。

日本永平寺熊泰禅师曾以石头之特性立下有名的“石德五训”：一、奇形怪状，默默无言，却具说服力；二、沉着忍耐，埋于土中，取大地精髓；三、历经寒暑，饱受风雨，仍悠然矗立；四、质地坚硬，担当大任，做高楼基础；五、增添情趣，舒畅人心，供众生利用。人若具此五石德，则人生境界自然有一番祥和。

要人和，就让对方觉得你很好相处；要理和，在事理、法制上一定要站得住脚；要气和，凡事不跟人家斗气。能够这样，人生何处不自在呢？

【注释】

①云游：指行者至诸方参学行脚，有如浮云随风飘游，不定止于一处。

②参学：全称参禅学道。指禅者游访各禅刹，参访各家风格、规矩后，随从明师学习。

③安忍：指心能安住不动，堪忍身心内外之荣辱恼害，以成就道业。

【思考】

1. 人生有哪四件事是别人所无法代替的？

2. 在人生旅途中，如何克服懈怠之心？

3. 为什么说，世间没有永远的赢家或失败者？

4. 你从“石德五训”读到了什么？

5. 试述你对“老病死生”的看法。

不求名闻利养

不求名利不求荣，只么随缘度此生。

一个幻躯能几时，为他闲事长无明。

——唐·洞山良价

这首偈语要我们“不求名利不求荣”，不求个人的安逸、荣耀、成就，应该为国家社会求大、求好、求荣耀。如何做到只为大众，不为私己呢？像佛光人的信条“光荣归于佛陀，成就归于大众，利益归于常住[①]，功德归于檀那[②]”，就是一种无私无我的德行。

人在世间生活，若把人我是非看得太认真、太计较，日子不免纷纷扰扰，所以要能放下一些，随缘一些，像皮箱一样，用时提起，不用就放下。否则一直提着不放，不嫌累赘吗？需要时又提不起，不是很不方便吗？

“只么随缘度此生”，人在世间，不要只顾一己的得失，要能顺应因缘；有机会能多为国家社会着想、为大众造福利，就应努力奉献服务，广结善缘。

想想“一个幻躯能几时，为他闲事长无明”，人生不过百年光阴，何必为了过眼云烟的人事纷扰而牵肠挂肚，徒增自己的无明烦恼？正如无门慧开[③]禅师的诗：“春有百花秋有月，夏有凉风冬有雪；若无闲事挂心头，便是人间好时节。”所以说，不要将个人的琐事记挂心头，但有益于大众的事，则要积极为之，如：修桥铺路，是利他利己的无量功德；济危扶困，是成人之美的好事；对于社会福利的工作，更应该尽心护持。

试想，人活在世间，懒惰懈怠是数十年，自私自利也是数十年，何不积极为大众多做点事？为社会的安和乐利多多造福呢？

世间万法，要靠种种的因缘和合，才能成就；大众就是我们的因缘，社会、国家也是我们的因缘，有了众缘，才有个人的存在。能够感谢因缘，把这些因缘聚集起来，再分享、利益给大众，才是生命最高的价值。

【注释】

①常住：意指寺庙。因寺庙是佛住的地方，不是临时的，是恒常的，是法住的地方，是真理所在之处，亦是僧侣所居之处。所以，供养佛、法、僧三宝所在之地，名为“常住”。

②檀那：即施主、布施者。檀那又称檀越，檀即施；此人行施，越贫穷海，故称檀越。

③无门慧开：宋代临济宗杨岐派僧。广习经论，于南峰石室独居禅思，忽有省悟，乃出礼谒诸山尊宿，得法于江苏万寿寺月林师观禅师座下。晚年居于西湖边，宋理宗（赵昀）曾诏至选德殿说法，为宫中祈雨得感应，遂敕赐金襕衣，及“佛眼禅师”之号。

【思考】

1. 略述本篇文章的宗旨。

2. 关于世间的名和利，你有什么想法？

3. 你如何看待生活中的人我是非？

4. 生活中，我们应该感谢哪些因缘？

5. 请分享一则为社会服务的心得。

将军行令

学道犹如守禁城，昼防六贼夜惺惺[1]。

将军主帅能行令，不用干戈定太平。

——宋·性空妙普[2]

这是宋朝性空妙普禅师的一首诗偈。

“学道犹如守禁城”，一个人求学也好，办事也好，修行也好，如同卫兵镇守城池一样，不分昼夜警戒，时时刻刻警惕，随时防范敌人的侵犯。

“昼防六贼夜惺惺”，人的身体，佛法譬喻为一个村庄，叫作空聚落。这个村庄没有主人，反而住有六个盗贼，整天在我们人体的村庄里面扰乱，使我们不得安宁。

六个盗贼就是我们的眼、耳、鼻、舌、身、心。眼睛常常观赏美色，耳朵欢喜听美音，鼻子爱闻香嗅臭，身体嗜好舒适柔软的感觉，舌头贪尝好滋味，心灵也迷恋着世间花花绿绿的享受。眼、耳、鼻、舌、身、心时时与色、声、香、味、触、法的六尘境界接触，一个把持不住，就里应外合地扰乱我们身心。我们要怎样来保护自己的城池，固守人体的村庄呢？最要紧的是将我们的主人翁叫醒，主人翁就是我们的本来面目、真如佛性。

“将军主帅能行令，不用干戈定太平”，军令能行，将帅才能平乱制胜；持心也是修行的关键。我们常抱怨别人不听我们的话，其实自己又何尝听自己的话呢？心想不贪不嗔，做出来还是贪嗔，最不听话的是我们自己的心。所以，要增强内心的力量，让眼、耳、鼻、舌、身听从内心的指示，当看则看，当听则听，当说则说，当行则行。要自我尊重、自我肯定、自我坚持、自我规划，将一切动念意志，依八正道③的人生观生活。能战胜自己的心，就能战胜一切！

【注释】

①惺惺：清醒貌。

②性空妙普：宋朝汉州人。出家后，自号妙普庵主，结庐于青龙山野，日常除了修习禅定外，常以吹笛自娱。性情耿直，不稍矫饰，个性恬淡，不喜攀缘，游历名山丛林；后来参访于黄龙死心禅师，深契要旨，从此不再云游四海。

③八正道：指八条通往圣者之道。即正见、正思惟、正语、正业、正命、正精进、正念、正定。

【思考】

1. “六贼”是指什么？

2. 我们的主人翁是谁？它有何重要性？

3. 你认同“战胜自己的心，就能战胜一切”吗？为什么？

4. 略述“八正道”。

5. 你曾有向自我习气革命的经验吗？

花开花落

朝看花开满树红，暮看花落树还空。

若将花比人间事，花与人间事一同。

——唐·龙牙居遁[1]

这是唐朝龙牙居遁禅师所写的一首偈诗。

“朝看花开满树红，暮看花落树还空”，早上看花开，一时缤纷，满树都是灿烂红花；晚上红花凋谢了，美景不再，空余一树枯枝。花开花谢，可以让我们体悟人生无常。

世间没有永恒不变的事物。一阵狂风扫过，树断花落；一个强烈地震，山崩海啸。无常，看似令人绝望，但也并非全然可怕。例如，一场骤雨过后，沙漠开出红花；一个当头棒喝，可以唤醒痴迷的人生。因为无常，世间才有进步；因为无常，凡夫只要经过努力，也可以成佛。因此无常对我们来说，不是绝望，而是充满了希望。

唐代诗人崔护，清明节回老家祭拜祖坟，偶然在村庄上遇到一位美若天仙的姑娘，内心非常喜欢，又不好意思直接表达出来。第二年清明，他又回乡扫墓，希望在村庄上重新邂逅那位姑娘，可是怎么样都找不到，原来她已香消玉殒了。秀才就很慨叹地作了一首诗：

“去年今日此门中，人面桃花相映红；

人面不知何处去，桃花依旧笑春风。”

所以“莫待老来方学道，孤坟多是少年人”，年轻时不要以为自己青春美貌又健康，这些都是不可长久依赖的。“若将花比人间事，花与人间事一同”，假如我们用花来比拟人生，花的朝开暮谢是无常，人的有生有死也是无常。人与花的事理一样，世上没有不变的东西，没有独有的东西，一切都要仰赖因缘才能存在。所谓“缘聚则成，缘散则灭”，因此我们要珍惜目前所拥有的因缘，这是非常重要的。

【注释】

①龙牙居遁：唐代僧。抚州南城（江西）人。十四岁于吉州（江西）满田寺出家。复于嵩岳受戒，后游历诸方。初参谒翠微无学与临济义玄，复谒德山，后礼谒洞山良价，并嗣其法。其后受湖南马氏之礼请，住持龙牙山妙济禅苑。号“证空大师”。

【思考】

1. 这篇文章内容是要告诉我们什么?

2. 为什么“花与人间事一同”呢?

3. “无常”让你想到什么呢?

4. 读了这篇文章后，你有什么心得?

一花一叶一如来

佛国好景绝尘埃，烟雾重重却又开。

若见人我关系处，一花一叶一如来[①]。

——古德

“佛国好景绝尘埃”，佛国在哪里？佛国好景是什么样子？佛国的好景，像西方极乐世界，有七重楼阁、七重行树、八功德水[②]，里面有鹦鹉、孔雀、共命鸟[③]，出和雅音。佛国里除了有会念佛的鸟外，没有交通事故，没有坏人干扰，没有经济困难，没有感情纠纷等。佛国是一个理想的世界，没有肮脏、没有垢秽，真是非常的清净安乐。

“烟雾重重却又开”，佛国跟我们之间也有重重烟雾隔阂：烦恼的烟雾、无明的烟雾、自私的烟雾、执迷的烟雾，因为这些烟雾，使我们不能见到佛国的好景。

如何才能将烟雾排开，将我们心灵的佛国大门打开呢？“若见人我关系处，一花一叶一如来。”人我关系的处理，是悟解人生的一道门扉。而人在世间常有“三间”的问题：第一是空间，有时空间不当，争了人家一点土地，争了人家一点位置，处理得不好，就会有纠纷。第二是时间，如不守时，太早太晚，迟到早退，都容易引起不必要的误会。第三是人间，人我之间不如法的生活，不合情理的要求，常常横生困扰。如果我们将时间、空间、人间三间问题处理好，心灵就可自在了！

人我之间的问题，有一首四句偈可提供给大家思维参考："初见三句话"，你好、我好、大家好；"相逢一微笑"，大家见面时，微笑相向，点头作礼；"争执一回合"，有争执时，一句话就够了，不要一直争执下去；"赞美要适当"，赞美人时，要恰如其分，宛如春曦暖照。能够如此绝尘埃，我们就是生活在佛国了！

【注释】

①如来：为佛十名号之一。指为由真理而来，而成正觉之义。

②八功德水：指具有澄净、清冷、甘美、轻软、润泽、安和、除饥渴、长养诸根八种殊胜功德之水。

③共命鸟：佛经所称的雪山神鸟，一身两头，人面禽形，自鸣其名，各有神识。

【思考】

1. 本文所指的"重重烟雾"是什么？
2. 人在世上有哪"三间"问题？略述你的看法与心得。
3. 为什么争执只要一回合？
4. 赞美人时，如何恰如其分？请举例分享。
5. 这篇文章，给我们什么启示？

第七章

征服自己

本无一事可思求，平地风波信笔收。

从地倒还从地起，十方世界任悠游。

——古德

世间没有什么事情值得我们斤斤计较。世间本无事，庸人自扰之，无用的人才会制造是非，有用的人消灭是非；有才能的人，大事可以化小事，小事可以变无事。没有用的人，小事会变成大事，大事则越发不可收拾。我们为人处世，要能但从柔处不从刚，但从慈心不从嗔恨。

过去亚历山大大帝领导百万雄兵征服世界，一路上冲锋厮杀，所向无敌，一日到达陆地的边界，面对着汪洋大海，亚历山大不禁感叹道：唉！人是没有办法征服世界的！

人没有办法征服世界，却可以征服自己！跟自己的私欲战斗，跟自己的嗔心战斗，跟自己的贪欲战斗。能把贪嗔痴征服了，就可以得救了！所以佛门常劝人要勤修戒定慧，熄灭贪嗔痴。

“本无一事可思求，平地风波信笔收”，生活上，难免会有平地风波。风波不可怕，要懂得化解，懂得转弯，懂得把风波是非大而化小，小而化无，进而口中不说，笔下不写，心里不想，自内而外不管它。

“从地倒还从地起”，人在世间奋斗，向前时，难免会遇到挫折、困难，只要能立志、立愿，重新站起来，在曾经跌倒的地方，再奋发前进！有很多例子都是因为不怕失败而成功的，像孙中山先生一次又一次的革命失败，他不灰心，一直奋斗不懈，终能成功！

我们在修行的道路上，也能如此精进不懈，就可以降伏烦恼魔军了。到那时候，自然能够“十方世界任悠游”了。

【思考】

1. 你对“世间本无事，庸人自扰之”这句话，有何见解？
2. 如何对治“贪、嗔、痴”？
3. 为什么“人没有办法征服世界，却可以征服自己”？
4. 请解释“从地倒还从地起”的意思。
5. 试述阅读本文的感想。

安分

红尘白浪两茫茫，忍辱柔和是妙方。

到处随缘延岁月，终身安分度时光。

——明・憨山[①]德清 /《醒世歌》

这是明末憨山大师《醒世歌》里的一首偈语。

"红尘白浪两茫茫"，说明一个人生存在娑婆[②]世间，就像红尘白浪似的前途茫茫，真是今日不知明日事。我们要如何适应错综复杂的社会呢？"忍辱柔和是妙方"：要想创造一番事业，要想圆满地将人际关系处理好，必须常常赞美人、鼓励人，此外另有妙法，就是忍辱与柔和。

凡事忍让，不与人斤斤计较，即使受到委屈，遇到不如意也得承受下来。"忍一口气风平浪静，退一步想海阔天空"，要和谐无争，当是自护第一方。

有一首《忍耐歌》说得好："忍耐好，忍耐好，忍耐两字当奇宝。一朝之愤不能忍，斗胜争强祸不少，身家由此破，性命多难保。休逞财势结怨仇，后来要了不得了，让人一步有何妨，量大福大无烦恼。"

其次就是柔和了。柔能克刚，不管遇到怎样的艰难挫折险阻，只要柔和泰然地面对它，事情往往就会有转机。除了忍辱柔和，你的人生观要“到处随缘延岁月，终身安分度时光”。

在佛门行事，好事就随境，善事就随行，好人就随他，好念头就随心，一一随顺因缘才不会妄求。至于如何安分度时光？这里的“安分”，并不是固守本位，不思进取，反而是勉励我们积极行善。

佛门有所谓的“四正勤③”：“已生恶，令断除；未生恶，令不生；未生善，令生起；已生善，令增长。”能够依此奉行，随缘安然度日，自然会增长我们的善因好缘，处人处事皆能合宜得体，何乐而不为呢？

【注释】

①憨山：明代僧。安徽全椒人。十二岁从金陵报恩寺永宁诵习经教。因游五台山，爱憨山之奇秀，遂取此为号。与袾宏、真可、智旭，并称明代四大高僧。

②娑婆：佛教称释迦牟尼佛所教化的世界。也就是我们所处的世界。此世界众生安于十恶、忍受诸烦恼，不肯出离。

③四正勤：指精进勤劳修习的四种道法，以策励身、口、意，断恶生善。一为除断已生之恶，而勤精进。二为使未生之恶不生，而勤精进。三为使未生之善能生，而勤精进。四为使已生之善能更增长，而勤精进。

【思考】

1. 为什么“忍辱柔和”是适应错综复杂社会的妙方？

2. “忍辱”有哪些益处？

3. 何谓“四正勤”？

4. 面对不公平或不合理的对待时，你如何面对？请举例说明。

5. 你是“随顺因缘”的人吗？为什么？

你我是人

舍内分明有个人，无端答应内无人。

叩门借宿非他也，你我原来都是人。

——古德

过去有一位秀才上京赶考，错过了旅店，在半途中找到一户村庄人家，希望借住一宿，可是敲了很久的门，屋内才有应声：“我们家里没人啦！”

秀才疑惑地问：“难道你不是人吗？”

屋内又答：“我丈夫不在家，我是女人，没有男人！”

秀才说：“我就是男人呀！”这两个人，有里外的分别、有人我的分别，所以各说各话，各有各的立场。

“舍内分明有个人，无端答应内无人；叩门借宿非他也，你我原来都是人”，我们常把人我分开，有你有我，就有了是非。过去有个学僧①问禅师：“如何是佛？”禅师答：“我不敢告诉你，我告诉了你，怕你不相信。”学僧一口咬定：“您的话，我一定相信！”禅师就说：“好！你既相信，那你刚才问什么呢？”学僧说：“我问如何是佛？”禅师回答：“你就是佛！”

学僧心想：我就是佛？我怎么会是佛呢？我是薄地凡夫呀！因

此，忍不住就问："我既然是佛，我自己怎么不知道呢？"禅师："因为你有'我'的缘故，所以不知道自己是佛！你有我执[②]。"学僧："我有'我'的缘故？我不是佛，请问禅师，那你就是佛喽？"禅师："有'你'有'我'，就更加见不到佛了。"

我们本来是佛，因为有个我执，就沦为凡夫了。假如去除我执，证悟到真我，无我、无相、无执[③]，证悟到法身[④]，那个本来真我的面目就现前了，所以不必分你我，要看世相都是虚妄空！

【注释】

①学僧：指研究佛教或有学识之僧侣。

②我执：指众生执着有一个真实存在的自我之心态。

③无执：不执着；不拘泥。

④法身：谓证得清净自性，成就一切功德之身。

【思考】

1. 试述本文之旨趣。

2. 何谓"我执"？如何去除？

3. 请分享你的学习心得。

慈悲

慈悲誓愿如山重，业识[①]尘劳[②]似海深。

十字街头卖鱼去，护生心是杀生心。

——元·楚石梵琦

“慈悲誓愿如山重”，慈能与乐，悲能拔苦。人与人相处，不一定要有什么因缘，我一样能给你快乐，拔除你的痛苦，像替你治病一样地治疗你，众生都是一体，这种无缘大慈[③]、同体大悲[④]，真是如山重。誓愿也一样，像地藏王菩萨“我不入地狱，谁入地狱？地狱未空，誓不成佛”的大愿，不也如山重？一般佛教徒发四弘誓愿（众生无边誓愿度、烦恼无尽誓愿断、法门无量誓愿学、佛道无上誓愿成），就是如山大愿。

“业识尘劳似海深”，我们的心田识海，我们的业，我们的八识[⑤]，在世间上所造的种种是非、好坏业，比海还要深。

“十字街头卖鱼去，护生心是杀生心”，平日我们常常自以为行事正确，实际上并不尽然，例如，为了讨生活，而去赚钱卖鱼，把痛苦建筑在其他有情的生命身上，对吗？现在很多人喜欢放生，为了你要放生，本来在山林中自由自在的鸟，猎人把它捕捉回来，关在笼子里，剥夺了它自然的生活环境；有人却将捕来的海水鱼放生在淡水河里，将淡水鱼放生到海里去，这根本就是在放死而非放生。

佛光山有个放生池，常常有人放生，可是放了又不保护它，不供给饮食，你放生到这里，让别人为你饲养，你其实是在放死，别人才是放生。

还有人从海外带食人鱼回台湾放生，这是在害生，而不是放生！另外，将家禽、画眉鸟这些没有求生能力的小动物放出去，无食无栖，它们只有活活地饿死。所以有心护生的慈悲人，应该要建立正确的放生观念。

【注释】

①业识：谓依根本无明之惑而始动本心者，即指有情流转之根本识。

②尘劳：指烦恼。因烦恼能染污心，犹如尘垢之使身心劳惫。

③无缘大慈：指对没有任何亲属关系的人，亦能无条件付出慈悲与爱，并不求回报。

④同体大悲：指观一切众生与己身同体，而生起拔苦与乐、平等绝对之悲心。

⑤八识：指眼、耳、鼻、舌、身、意、末那、阿赖耶识。

【思考】

1. 略述你心中的誓愿。

2. 试举一则“护生心是杀生心”的例子。

3. 如何建立正确的放生观念？

活水

半亩方塘一鉴开[1]，天光云影共徘徊。

问渠那得清如许，为有源头活水来。

——南宋·朱熹 /《观书有感》

这是宋代理学家朱熹所写的一首感悟诗。

“半亩方塘一鉴开，天光云影共徘徊”，在一方池塘的水面上，天上的阳光、云彩，都一一映现出来，这是作者比喻自己的内心境界。在《华严经》里，也有一首偈语：“菩萨清凉月，常游毕竟空。众生心垢净，菩提月现前。”意思是：菩萨就像天上的月亮，高挂在无一法可得的虚空中；众生心湖里的水，如果清净而无有垢秽，菩提的月光就会映现在心湖上。

“问渠那得清如许”，心湖里的水何以那么清净呢？因为人的真如本心本来就是清净的，只是被烦恼无明的黑风扬起了波浪，而扰乱我们本自清净的佛性。六祖惠能大师悟道时，曾惊叹地说了一段话：“何期自性本自清净？何期自性本不生灭？何期自性本不动摇？何期自性能生万法？”正是说明了这个道理。

“为有源头活水来”，我们的真如自性心海，本来就是清净无染的。一如树有根，水有源，只要心中的本源清净，不断地让清净的活水滚滚流出，这一塘水就可以永保清净。什么是我们心中的活水呢？就是我们的般若智慧，就是我们心中的慈悲，心中的清净，心中的菩提[②]，心中的忏悔，心中的惭愧，心中的信仰，心中的禅定。

假如我们的心中能恒常不断流露出智慧、慈悲、清净、菩提、忏悔、禅定的法水，我们的心海就会非常清净、美妙，一如源头流出活水，能使清净的塘水映现出“天光云影共徘徊”。

到了那个时候，我们自然会容易与真理相应，与诸佛菩萨感应道交，进而体证豁然自在的人生境界了！

【注释】

①一鉴开：鉴，镜子。像一面镜子般展开。

②菩提：指断绝世间烦恼而成就解脱的智慧。

【思考】

1. 略述本文旨趣。
2. 何谓“无明”？请举实例说明。
3. 如何让自已心中的活泉不断涌现?
4. 请举出一位值得我们学习效法的高僧或人物。

从柔不从刚

人来谤我我何当，且忍三分也无妨。

却为儿孙榜样计，只从柔处不从刚。

——古德

人毁谤我们，不必太计较，要忍让三分，吃亏一些也无妨，阴霾过去，太阳总会朗照，很多误解都会雨过天晴，化为乌有。为人行事，要给子孙做好榜样，谦冲诚恳，光明磊落，要“只从柔处不从刚”，不要蛮横不讲理。人家毁你谤你，乍看之下是我们吃亏，其实只要能忍耐，不刚愎，不计较，日久见人心，毁谤不但伤害不到我们，反而是逆增上缘，给我们消灾增福。

像《四十二章经》[①]说，谤人、诋毁人，如同逆风扬尘，尘不至彼，反而飞到自己身上；又如仰天唾痰，唾不至天，唾出的痰水反而坠落到自己的脸上。所以对一切毁谤、闲言闲语不必介意，要多宽恕、忍耐。所以说，世间最大的力量不是骂人，不是打人，不是拳头枪炮，而是忍辱。

佛门种种的持戒修行，功德都不及忍耐大，可见忍耐的力量不可思议。所以我们修行人要先学习忍耐。忍之于口，不随便骂人；忍之于面，不现生气相；进而忍之于心，真正做到凡事不计较。能为子孙做如此的榜样，忍耐便是传家之宝。

《百喻经》[2]里面有个故事：做父亲的因为家里来了客人，要儿子上街买酒菜招待，久久不见儿子回来，父亲很奇怪，自己出门去买，发现儿子正在街上跟一个人面对面僵持地对立着。一见父亲到来，这儿子便求救："爸爸！这个人不肯让路，反而要我让他，我就跟他对着，看谁让谁！"这个父亲怒气冲冲地教他儿子："好！你先把这些酒菜拿回去，让爸爸来跟他对立，看谁让谁！"

一步不让就是胜利吗？就能获得真正的快乐吗？为了给儿孙一个好榜样，凡事柔和，凡事宽容，就是替子孙厚德载福[3]了！

【注释】

①《四十二章经》：最早传入中国翻译之佛教经典，亦为佛教之入门书。经中简要说明早期佛教的基本教义，重点在说明沙门之证果、善恶诸业、远离诸欲、人命无常等诸义，阐示出家学道之要义。

②《百喻经》：收录善恶、罪福、报应的譬喻故事，以寓言形式，用一百个事例来说明佛教之基本教义。

③厚德载福：谓有德者能受较多的福。

【思考】

1. 文中提到毁谤他人会自食恶果，其中举了哪些例子？

2. 何谓"只从柔处不从刚"？

3. 什么是"逆增上缘"？请分享亲身体验。

4. 请分享你的"传家之宝"。

5. 简述阅读本文的感想。

浮生的苦空

特入空门问苦空，敢将禅事问禅翁。

为当梦是浮生事，为复浮生是梦中。

——唐·白居易

这首白居易的诗偈，是他学佛后，因景仰鸟窠禅师的道行，“特入空门问苦空”而写。空门，指的是佛教。这个空，不是把一切都看成空空如也；空，是虚空，虚空里面有万物，包容一切，佛门对苦与空的体会最深，你来佛门问苦空，问对了！

世间万种苦，有身体的苦、精神的苦，我和人相处不好的苦，物质不调和的苦，求不到想要的东西的苦，身体老病死时的苦，内心被贪嗔痴驱使的苦……真是众苦泛滥，苦海无边。白居易希望对苦、空的人生能多了解一些，特地来佛门请示。

“空”是一种正见[①]，一种缘起[②]，一种般若，一种真理。空有空的背景、内容，空是建设性的。因为空即是色，有空才能有，有空才有万物，万物亦是空。“敢将禅事问禅翁”，来到佛门，请教禅师们一些生活上的禅心、禅意、禅修的事情。

“为当梦是浮生事，为复浮生是梦中”，人生如梦，却不知浮生是梦中！假如你懂得人生如梦的话，梦中何必争人我？就不会太计较人我是非了。

而对于白居易的造访，鸟窠禅师也以一首诗偈来点醒他："来时无迹去无踪，去与来时事一同；何须更问浮生事？只此浮生是梦中。"人生如幻如化，短暂如朝露。如果能体悟到"无生"的道理，超越"去来"的限制与对立观念，生命就能在无尽的空间中不断绵延扩展，不生亦不灭了。

在现实生活中，烦恼少的人自然很少做梦。如果能参悟"人生如梦"的道理，尽管做梦时，五趣六道③、人我是非都如同真的一般，醒觉时，也能"觉后空空无大千"，并没有你我的差别对待，也没有远近的时空间隔，即体证"大梦谁先觉，平生我自知"的人生悟境！

【注释】

①正见：指远离或有或无之邪见，而采取持平正中之见解。

②缘起：指任何事物皆因各种条件之互相依存而有变化。

③五趣六道：意指众生轮回之去处。五趣，即天、人、地狱、饿鬼、畜生。六道，即天、人、阿修罗、地狱、饿鬼、畜生。

【思考】

1. 文中的"空"是指什么？
2. 人生的"苦"有哪些？
3. 如何"离苦得乐"？
4. 你认同"人生就像一场梦"吗？为什么？
5. 你如何看待人我是非？

退步是向前

手把青秧插满田，低头便见水中天。

六根清净方为道，退步原来是向前。

——唐·布袋

“手把青秧插满田，低头便见水中天”，是形容一个农夫插秧时，一把把青秧插满田，低头看到水面漂漾的蓝天，也看到了自己！

一般人的通病是：只看到别人的短处，看不到自己的过失。水中天如镜，人要自觉自悟，使本性清澈显见，才能够“六根[①]清净方为道”，使自己的眼、耳、鼻、舌、身、意六根，不被外面的色、声、香、味、触、法六尘[②]污染，时时保持自性的清净，就是道，就是修行了。

“退步原来是向前”，颇有哲理意味。试想，农夫插秧，一面插青秧，一面往后步步退，返到田边，一畦田的秧苗才插好，真是似退而实进。有时候，退让不是完全的消极，反而是积极的转进。与人相处，斤斤计较争执，互相排挤诋毁，又能成就什么？倒不如退一步，寻求更大的成功。

过去有一个人，为了一堵围墙，和邻居起争执，心里愤愤不平，就捎信给在京城做官的父亲，希望父亲用官府的权势把墙争取过来，他的父亲很明理，回了儿子一首诗：

“千里修书只为墙，让他三尺又何妨。

万里长城今犹在，不见当年秦始皇。”

为了一堵墙而起争执，真是何苦？让人家几尺不就太平了吗？你看看万里长城至今还在，可是当年赫赫一世的秦始皇又在哪里呢？你争，跟人家斗气，百年过后什么是你的？不都灰飞烟灭，枯冢一堆了吗？

从这首诗里，我们能不能领悟四大皆空③？能不能在面对社会、人事物境之时，观境自在？观我自在？观物自在？观心自在？观人自在呢？能！莽莽④人间就不必再作什么计较争吵了！只看自己心田清不清净，任它八方冷语与暗箭！

【注释】

①六根：又作“六情”。指六种感觉器官，或认识能力，即眼根、耳根、鼻根、舌根、身根、意根。

②六尘：指眼、耳、鼻、舌、身、意六根所相应的六种对境，由于这些境界如同尘埃一样，会污染我们的真如自性，故称六尘。

③四大皆空：佛教主张世界万物与人之身体皆由地、水、火、风之四大和合而成，皆为妄相，若能了悟此四大本质亦为空假，终将归于空寂，而非“恒常不变”者，则亦可体悟万物皆无实体之谛理。

④莽莽：指时间长远无边际。

【思考】

1. 人我互动时，比较常出现的摩擦有哪些？

2. 如何保持自性清净？

3. 你对“万里长城今犹在，不见当年秦始皇”这句话有何想法？

4. 请分享一则“以退为进”的人生经验。

5. 从本文中，你得到什么启示？

何处是家乡

休得争强来斗胜，百千浑是戏文场。

顷刻一声锣鼓歇，不知何处是家乡。

——明·憨山德清 /《醒世歌》

佛经里有个故事。一位富翁娶了四个太太，嫌大太太人老珠黄，很少关心她。二太太偶尔关照一下，疼惜一下。对三太太比较关心，常买东西讨好她。然而富翁最喜欢的还是年轻貌美的四太太，总是嘘寒问暖，呵护备至，真是爱之如命。

有一天，富翁大限[①]将至，心想：万贯家财放下也罢，自己这么寂寞地死去，实在很不甘心，就想找一个太太来陪葬，生死相守。他先找有花容月貌最得宠的四太太。花容月貌的四太太霎时花容失色，一口回绝："哎哟！我这么年轻标致的一个人，怎么可以陪你去死呢？"

富翁只好退而求其次，央求三太太看在多年情分上相伴九泉。三太太白眼相向："咦！你虽然死了，我还年轻，可以改嫁，怎么能陪你死呢？"富翁万般无奈，转而求二太太相陪。二太太低头想了想说："你死后，我还要为你做告别式，处理身后的事，怎能陪你死呢？"富翁哑口无言，心灰意懒地去找大太太。想不到大太太一口答应，说：“这半生都是你照顾我，也该我回报了，我愿意跟你一起死！”

这个故事，四太太指的是我们的身体，平常百般爱惜保护，到最后身体会离弃我们。三太太指的是富贵名利，平常爱它如己，大限来时一场空。二太太指的是我们的亲人朋友，相聚一世，大限来时各自飞，只能略表一下心意。而大太太指的是我们的心，万般带不去，唯有业随身，是我们真正要修行的。

修心，是第一要紧事，红尘得失，人事是非，只不过是人生舞台上旋起旋灭的角色而已。

【注释】

①大限：指年寿已尽。

【思考】

1. 文中提到的四位太太，各象征什么？
2. 你对“万般带不去，唯有业随身”有何感触？
3. 为什么说“修心”是我们第一要紧的事？
4. 读完本文，你最大的收获是什么？

第八章

佛在心中

谁云鹫岭佛难逢，佛在心中哪有踪？

涉水登山空负累，不如端坐自家供。

——清·佛裔

谁说灵鹫山顶很难找到佛？要在灵山会上[①]和佛相逢，真的很难吗？

这首诗偈告诉我们：“佛在灵山莫远求，灵山就在汝心头。人人有个灵山塔，好向灵山塔下修。”你不要以为佛陀是在鹫岭灵山会上，你万里迢迢到灵鹫山去找佛，到了灵山也见不到佛。

那么，佛在哪里呢？佛陀在我们的心中，人人心中有个灵山塔，把自己的心修好，自己心中的自性佛就会现前。心没有修好，心中也不会有佛的踪迹。现在的人千山万水、万水千山地去参访、去朝山，如果没有正信[②]，没有悟觉，都是空费草鞋钱，只能算是一趟观光游历而已。

“佛在世时我沉沦，佛灭度后我出生。忏悔此身多业障，不见如来金色身。”如果你想见佛陀的金色身，要忏悔，要反观自性，不一定要涉水登山地参访圣迹，劳碌不休地奔波。

唐朝无尽藏[③]比丘尼有一首诗偈：“终日寻春不见春，芒鞋踏破岭头云。归来偶把梅花嗅，春在枝头已十分。”就是说即心即佛，不要心外求佛觅法，自家的真如本性里有无尽的宝藏，只要“端坐自家供”，坐在家里用心参学，佛性自会从心里显现。

所以我们现在最要紧的是找回自己，而不必从外相、外境上觅求。心外的境界，心外的诸相，终究不是我的东西，只要我回光返照，照见自己的佛性，找到自己的自在，找到自己的真如，找到本来的面目，忽然山川宇宙大放光明，人生处处鸟语花香，这是多么美妙呀！

【注释】

①灵山会上：指佛陀在灵鹫山说法度生时之会座。

②正信：指虔信佛所说正法之心，此信心不因遭逢诸异道而稍生疑念。

③无尽藏：唐代比丘尼。韶州（广东）曹侯村人，俗姓刘。生卒年不详。

【思考】

1. 文中哪一句话，让你印象最深刻？

福田

力耕火种是良方，秋到家家晚稻香。

放不下时担取去，何如福田待来春。

——明·憨山德清/《憨山老人梦游集》

这首偈语告诉我们：凡事要平时先准备，有因有缘，才会有结果；就像农夫耕田种地，要先播种才收获；我们做人处事，也需要先广结善缘，不结缘而要人家对你好，那是不可能的。世间没有无缘而能成事的，凡事都是缘聚则成，缘散则灭。

所以因缘果报中，方有“力耕火种是良方，秋到家家晚稻香”，春耕方得秋收，春天播种是因，到秋天自然家家有收成的果。

“放不下时担取去”，一个人如果缺乏修养，就会有很多事提不起、放不下。比方说：对喜欢的人，爱恋不已，放不下；待遇少，钱不够用，放不下；应有的名位没得到，放不下；挂碍家庭骨肉，放不下；思念故乡亲朋，放不下；横遭无礼批评，放不下；内心气愤不平，放不下……世间放不下的事情太多了，我们要学习放下，不但要放得下，且要提得起。

人生要像皮箱一样，需要时提得起，不需要时放得下。如果放不下，天天把皮箱提在手上，不是很累赘？或是提不起，天天死缠活拖不得解脱，不嫌辛苦吗？所以当放下时要放下，当提起时就要提起。

“何如福田待来春”，人在世上，必须广植福田，广结善缘。经典上提到八大福田[①]：敬佛、敬圣人、敬僧、敬和尚、敬阿阇黎[②]、敬父、敬母、看护病人。在这八大福田当中，看护病人是第一福田。对于有病的人，要多予慰问，替他治疗，助他康复。目前社会上提倡器官捐赠，就是临终前将无用的器官捐赠给那些亟须的病患，让生命能因你的慈悲而衍传下去，让受苦的人因你的喜舍再获快乐，不仅有价值，也属第一福田。

【注释】

①八大福田：谓佛、圣人、僧三种为“敬田”；和尚、阿阇黎、父母、师长四种为“恩田”；救济病人为“悲田”。

②阿阇黎：意译为“轨范师”。即教授弟子，使之行为端正合宜，而自身又堪为弟子楷模之师，故又称“导师”。

【思考】

1. 你对“缘聚则成，缘散则灭”这句话有什么看法？
2. 我们应该要放下什么？提起什么？
3. 生活中，如何广结善缘？
4. 为什么看护病人是第一福田？
5. 你同意器官捐赠吗？为什么？

青松与花朵

善似青松恶似花，看看眼前不如它。

有朝一日遭霜打，只见青松不见花。

——明·刘伯温

明代刘伯温写了一首著名的劝世偈颂，以青松和花比喻人的善恶因果。

“善似青松恶似花，看看眼前不如它”，做善事，就像青松；做恶事，好比花朵；平时我们看到花朵绽放，美丽出色，却忽略了松树的青翠坚挺。

“有朝一日遭霜打，只见青松不见花”，一旦寒霜降临，冰雪纷飞，花卉都凋零了，只见青松依然不畏风寒地昂然挺立。

人的善恶因果就如青松与花，一时的绚丽并不足道，能留下千古的法身慧命①，才是真正不朽的生命。

恶人像磨刀石，表面上看不出损伤，实则日日有磨减；善人如芝兰草，平时虽不感觉它的特别，但闻得出它的芳香。不要以为做恶事没人知，其实天知、地知、因果知，自己的良心也知道；做了善事，不必灰心没有好报，田园里的花草虽只一点一点地增长，终有一天它会满园缤纷灿烂。俗话说：“人善人欺天不欺，人恶人怕天不怕。”因果报应通达过去、现在、未来三世，不必计较一时的得失。

过去一位青年到京城赶考，主考官在阅卷时，看到这位青年的试卷上有一个字少了一点，几只蚂蚁就盘踞在这个点上。主考官用手将蚂蚁弹走，要将这个字扣分，没想到蚂蚁马上又聚集到那个点上，硬是让人看不出错字。主考官觉得很奇怪，心想：这名考生一定积了什么阴德[②]，连蚂蚁都来帮助他上榜。于是把考生找来询问，考生说：“有一次读书时，看到一群蚂蚁饥饿地觅食，我只是喂了它们一颗糖罢了。”就这么一点善念，感召蚂蚁来报恩，因果真是丝毫不爽呀！

【注释】

①法身慧命：诸经妙法身，成就慧命之母，诸佛具有法身、报身、化身三身，佛陀讲说四谛、十二因缘、无常苦空之法，法是佛的法身慧命，诸佛的慧命，就是法身的延续。

②阴德：指暗藏而不显露的德行。

【思考】

1. 试述本文大意。

2. 青松虽不如花出色，却具有什么样的特色？

3. 本文给你什么启示？

人生如梦

梦里堆藏总是金，一场富贵喜难禁。

枕头扑落忽惊起，四壁清风无处寻。

——古德

有人说人生如梦，梦醒一场空；也有人说人生如浮云，漂泊不定，聚散无常。究竟人生像什么呢？

“梦里堆藏总是金”，一般人做梦，总喜欢求金银、求富贵，在梦里娶妻、生子，好不热闹。然而梦醒了，梦里的一切却无处可觅。

唐朝有一位卢书生，由于生活拮据，穷困潦倒，经常梦想升官发财。有一次，在旅居的客栈里睡觉，坠入梦乡，梦中娶妻、生子、升官、发财，平步青云，福寿全归后悠然醒转，那旅店的黄粱还没有煮熟，短短一刻他已历尽了一生的荣华富贵，后人就常常把富贵荣华比喻为黄粱梦般的短暂。

另外，“南柯一梦”的传奇典故中，是说唐代书生淳于棼在一棵槐树下睡觉，梦见自己被皇帝招为驸马，升任南柯太守，功名显赫、儿孙满堂。醒来，却发现原来一切都是空的，什么都没有，一场富贵不过是南柯一梦。

人活在世间，一世光阴如梦、如戏，有时候实在很渺茫，“梦里明明有六趣[①]，觉后空空无大千[②]”，梦中分明清楚地有这样、有那样的经历，一觉醒来，除了枕头掉在地下，除了心跳和几滴清泪外，什么都没有留下来。如果我们能及早体悟到人生如梦，就能够把人生的梦做得真实有意义一点。就如古人所言“三不朽”——立德、立功、立言，要建立功勋给后人，要将道德留给人间，把好的言行留给后世做典范，便不枉此生了，纵然“人生如梦”，这个梦也还是有意义的！

【注释】

①六趣：又作六道。指天、人、阿修罗、畜生、饿鬼、地狱。

②大千：指广阔无边的世界或形容人间之纷纭诸相。

【思考】

1. 本文提到人生为何如梦？
2. 黄粱一梦的故事，给你什么感触？
3. 试着分析梦与梦想之间的差别。
4. 何谓“立德、立功、立言”？

无事手

心如大海无边际，广植净莲养身心。

自有一双无事手，为作世间慈悲人。

——唐·黄檗希运[①]/《碧岩录》

这是一首唐朝黄檗希运禅师所写的诗偈。

“心如大海无边际”，意谓人的心，如大海一般无边无际。事实上，心还不止像大海，心像国王，可以发布命令；心念一动，眼睛就去看，耳朵就去听，手就去做事，脚就去走路，所以说心如国王能行令。

心如电光，心念一动，东西南北任翱游；想建大楼，念头一转，心头的大楼即刻就建好了，心念之快如石火电光。

心如画师，《华严经》说：“心如工画师，能画种种物。”心如艺术家，可以在心中呈现出美好或丑陋的种种变化。

心如虚空，可以包罗万象。平常我们说“宰相肚里能撑船”，非指宰相肚子里真能撑着一条船航行，而是形容宰相的心量大得能容纳一切！

所以“心”是无量无边，是变化万端，是容纳万有。我们该如何对待这颗心呢？“广植净莲养身心”，有这么了不起的一颗心，我们就要好好地爱它。珍馐美味的营养食物入口吃了，可以滋养我们的身体，戒定慧则可以滋养我们的法身慧命，我们要好好地在心田里广植净莲。

“自有一双无事手，为作世间慈悲人”，是说由心的力量能推展我们这一双手，要好好地随时随缘为未来积功德。例如随口说好话，随手替人服务，随时结善缘，以一颗不求回报的心，布施奉献，成就对方。

希望今天的社会，到处都是行善布施的慈悲人，人间就会很美好了。

【注释】

①黄檗希运：唐代僧。福州闽县人，姓氏不详。幼年于黄檗山出家，谒百丈怀海，并大开心眼，得其所传心印，后于黄檗山鼓吹直指单传之心要，一时四方学子云集，谥号“断际禅师”。

【思考】

1. 为何说“戒定慧”可以滋养我们的法身慧命？

2. 如何面对外面的顺逆境界？

精进努力

修行如驾上滩舟，暂歇篙时便下流。

若不从兹勤努力，何时撑得到滩头。

——宋·雪窦重显

我们修行也好，做事也好，求学也好，都要不断地努力，所谓学如逆水行舟，不进则退，修道也是一样。

“修行如驾上滩舟，暂歇篙时便下流”，修行如驾一叶扁舟，往逆水之河前进，篙要握牢撑持，稍微停息一下，船不但不能前进，还会倒退。凡事要锲而不舍，有恒心毅力，不能一曝十寒！无论十年、二十年都要持续不间断，才能有成功的一天！

我们每天吃饭，一天水米不进，日子就不好过。做事、求学、修行，一天不精进，就浪费一天的时间；参禅、打坐、念佛也一样。今天疲倦了，休息一天，等于一天不吃饭，你能熬过去吗？读书也是一样，会读书的人一天不读书，就觉得没有滋味，黄山谷[①]曾说：“三日不读书，便觉面目可憎，言语无味。”可见无论是读书、做事、修行，都要精进不懈！

“若不从兹勤努力，何时撑得到滩头”，若不精进努力，我们什么时候才能抵达目的地呢？

说到精进努力，也要正当的正精进[②]，否则你怎么苦，怎么不怕死也没有用。佛教讲精进勤奋有四种，叫四正勤：

一、未生恶，令不生。

二、已生恶，令去除。

三、未生善，令生起。

四、已生善，令增长。

总之，人生要想有所成就，便须精勤努力，就像顺风驶船，才能将船撑渡到港口。

【注释】

①黄山谷：指宋代文学家黄庭坚。

②正精进：谓发愿已生之恶法令断，未生之恶法令不起，未生之善法令生，已生之善法令增长满具。

【思考】

1. 略述“三日不读书，便觉面目可憎，言语无味”的经验与感受。

2. 为什么说“除恶也要努力”？

真心何在

新花枝胜旧花枝，从此无心念别离。

可信秦淮今夜月，有人相对数归期。

——古德

“新花枝胜旧花枝，从此无心念别离”，偈语点出了人的善变，人喜新厌旧的倾向。俗话说“只见新人笑，哪闻旧人哭”，有了新人，对于糟糠妻子就没有珍爱的心情了。一个人如果受名利声色迷惑，本性[①]真心[②]如糟糠老妻，就会被忘怀而迷失自己。

《法华经》有一则“怀珠作丐”的比喻。有一个富翁疼爱独子，怕小儿子长大后会因家道中落而受苦，事先在他的衣服里缝了一颗名贵的珍珠，以备不时之需。小儿子长大后，果然家境衰落，他不知道衣服内藏有宝珠，日日穿着宝珠衣沦落在乞丐群中。这则“宝珠喻”，就如同我们遗忘了自己本自具足的佛性，自甘于世间流浪迷惑，不知自拔。其实，我们应时时勤拂拭，让它发光发亮，相信自己也有成佛的一天。

“可信秦淮今夜月，有人相对数归期”，也是经典的故事。有一位老婆婆非常思念她幼小离家出走的女儿，她始终相信，有朝一日女儿会安然归来，所以每到晚上，就在路边点亮一盏灯，让回归的女儿找到自己的家。这一盏灯，一天又一天，一年又一年，准时在入夜时分点亮起来。多少岁月随风消逝，沧海桑田春秋变易，老婆婆始终不灰心失望，一直到身体衰老，双眼也看不见了，小女儿才终于辗转千里归来。

信心耕耘过的田圃，总会成长丰硕的麦穗。用耐心、恒心与毅力坚持下去的结果，必定是甜美的。每个人对自己要有信心，只要不沉迷于世间的名闻利养，总有一天会找到自己的本来自性。

【注释】

①本性：指固有之性德。即常住不变之绝对真实性。《圆觉经》云：“若此觉心本性清净，因何染污？”

②真心：真实心，或意谓心的本性之理。日本净土真宗称此为他力之信心。反之，妄心即指错误之分别心、虚伪心，即凡夫于现实生活中所生起之虚妄颠倒心。

【思考】

1. 诗中哪两句点出了人的善变及喜新厌旧的倾向？

2. 一个人如果被声色名利迷惑，会产生什么后果？

3. “怀珠作丐”的故事，给我们什么启示？

4. 生命要长成丰硕的麦穗，需要灌溉什么？

5. 如何找到自己的本来自性？

退步人

万事无如退步休，本来无证亦无修。

明窗高挂菩提月，净莲深栽浊世中。

——宋·慈受怀深

世间事，哪一样最高？哪一样最有价值？俗话说："万般皆下品，唯有读书高。"有人认为金钱最好、最高，也有人说世间最好的是修行学道。喜欢名位者，认为名位最高；看重爱情的人，认为爱情最好；每一个人的价值观念都不一样。

慈受怀深[①]禅师告诉我们"万事无如退步休"，在信仰佛法的人看来，世间没有比退一步最高、最好的了。退一步，争逐的人少，天地更宽广，更能领悟生命的奥义。有这样认知的人，在世上会当进则进，当退则退；应该修持的，就算尝遍万般辛苦也要得到，如开悟、解脱……不当要的，像名位、权势，也视同粪土不屑一顾。

"本来无证亦无修"，虽然在理体上，我们真如自性一切具足，不需要特别修行、证悟，但是不经过事相的证悟，又怎能体会到本体的妙用呢？

像《金刚经》的主旨，无相布施、无我度生、无住[②]生活、无得而修，都是一种借假修真。我们要修无修的心，证无证的道，才能到达佛法的彼岸。

“明窗高挂菩提月”，窗前一轮明月高挂在空中，一如我们内心的菩提圆觉，菩提月给乌云遮蔽了，就不会发光；把心灵的烦恼无明去除了，高挂星空中的月亮才光明皎洁。

“净莲深栽浊世中”，我们生活在五浊恶世中，不必逃避，要在心田里存养佛法，如同清净的莲花，在污浊的泥土里一样吐出芬芳的香气来。

【注释】

①慈受怀深：宋代云门宗僧。安徽人。十四岁剃发出家。平时持律精严，谒长芦崇信于浙江嘉兴资圣寺，并嗣其法。

②无住：指无固定之实体；或指心不执着于一定之对象，不失其自由无碍之作用者。

【思考】

1. 请解释“万事无如退步休”的含义。

2. 你认为世间什么最有价值？

3. 读完本文，你获得什么启示？

布施修福

三宝门中福好修，一文施舍万文收。

不信但看梁武帝，曾施一笠管山河。

——古德

做人要乐善好施，你肯播种，就有收成。很多人希望发财，但没有播种如何收获？没有布施怎能发财？“三宝门中福好修”，我们希求富贵，要具有福德因缘，必须先修福、布施、种福田。

福田有两种：一种是敬田，如父母、师长、三宝，我们恭敬他，在恭敬田里我们播种、惜福！还有一种是悲田，就是一切众生、穷苦人，我们施舍他、帮助他、慈悯他，在慈悲的田里培植福德因缘。

“一文施舍万文收”，不要以为布施一点小钱，没有什么了不起。小钱的布施，也可收成万万千千的果实。经典说，尼拘涂树[①]的种子，只是很小的一粒，可是种下去长大时，方圆数十丈都结满了累累果实，真是享用不完。就像苹果、杧果种下去，虽是一粒种子，却有茂密树荫、累累果实的收成。

“不信但看梁武帝”，梁武帝在过去生活中，本是一个砍柴的樵夫，当他挑着一担柴回家时，在半路上看到一尊地藏王菩萨[②]雕像摆在路旁，日晒雨淋，实在辛苦，他一念恭敬心生起，就把自己的斗笠戴在地藏王菩萨的雕像上。就这么一个布施的功德，慢慢汇聚成梁武帝后来当上皇帝的果报，所以说“曾施一笠管山河”。

现在的人常常不事播种，只希望不劳而获。没有辛苦，没有劳动，哪能有收获呢？要什么样的收获，就该先出力耕耘。古人说，黄金随着流水冲下，也要起个早，将它捞起来。不辛勤播种是不会有收获的！

【注释】

①尼拘涂树：产于印度、锡兰等地，高十米乃至十五米，树叶呈长椭圆形，叶端为尖状。由枝生出下垂气根，达地复生根；枝叶繁茂而向四方蔓生，然其种子甚小，故佛典常用来比喻由小因而得大果报者。

②地藏王菩萨：即受佛陀之嘱咐，于佛涅槃后至弥勒菩萨成道间之无佛时代，自誓度尽六道众生始愿成佛之菩萨。

【思考】

1. 如何在慈悲的田里培植福德因缘？

2. 读这篇文章，让你有何体悟？

第九章

知足常乐

你骑马来我骑驴，看看眼前我不如。

回头一看推车汉，比上不足比下余。

——俗谚

我们做人处事，不要与人排挤竞争，人比人，气死人。也不要太计较，过于计较的人，凡事在得失之间挣扎，永不得安宁。

“你骑马来我骑驴”，现在你开外国进口车，我驾驶国产车；你坐汽车，我骑摩托车；你骑摩托车，我踩脚踏车。固然“看看眼前我不如”，可是“回头一看推车汉”，嘿！还有很多人推着车子走路，我是“比上虽不足，但比下却有余”。

所以，凡事不要过分妄想[①]、高攀，人要知足，不要在金钱、名利、物质、享受上和人家比较，要在道德、能力、学问、心量[②]上跟别人比，我比你度量大，我比你道德高，我比你有智慧，我比你有能力！

这首偈语启示我们，为人要知足常乐，能忍自安。有一首《不知足歌》是这么说的：

“终日忙忙只为饥，才得饱来又思衣。

衣食两般皆俱足，房中又少美娇妻。

娶得娇妻并美妾，出入无轿少马骑。

骡马成群轿已备，田地不广用支虚。

买得良田千万顷，又无官职被人欺。

七品五品皆嫌小，四品三品仍嫌低。

一品当朝为宰相，又想君王做一时。

心满意足为天子，更望万世无死期。

总总妄想无止息，一棺长盖抱恨归。”

人的欲望贪念是永无止境的。人的真实快乐并不在金钱的多寡，也不在于官位的高低，更何况钱多苦也多，官位越高烦恼越多！我们不要自私，不要只想拥有而不知付出，凡事占有，是永远不会满足的！

【注释】

①妄想：又作分别、妄想分别、虚妄分别、妄想颠倒。与“妄念”“妄执”等语同义。即以虚妄颠倒之心，分别诸法之相。亦即由于心之执着，而无法如实知见事物，遂产生谬误之分别。

②心量：谓心起妄想，对外境起种种度量。此为凡夫之心量。佛陀真证之心量，则远离一切所缘、能缘，而住于无心。

【思考】

1. 喜欢比较、计较的人，会让自己陷入怎样的困境？

2. 知足与不知足的差别在哪里？

3. 请分享一则“能忍自安”的例子。

4. 如何止息欲望、贪念？

名和利

趋利求名空自忙，利名二字陷人坑。

急须返照娘生面，一片灵心是觉皇[①]。

——唐·布袋

这首诗偈是唐代的布袋和尚所作，相传他是大肚能容，弥勒菩萨[②]的化身。他常以锡杖[③]荷着布袋，行脚云游世间。看到世人懵懂忙碌，有的为生活忙，有的为儿女忙，有的为职业忙，也有不少人是为了理想、为了慈悲而忙。

即使到了现代，我们每天在大街上、车站前，都可以看到熙熙攘攘、来来往往的人潮，除了少部分是为他人、为公事而忙，大部分的人都还是为了自己的名与利奔波忙碌。其实，不管是为名或者为利，终究都是过往云烟，生不带来，死不带去，真正是“趋利求名空自忙”，白忙一场。

“利名二字陷人坑”，名利就像束缚人心的绳索，也如同令人失足的深坑，自古以来，能摆脱束缚，跳离深坑的智者实在少之又少。很多人在没有钱的时候，义无反顾地追逐金钱，枉费多少时间，徒增多少辛苦、多少的烦恼。一旦得了钱财，被财所危害的也不知有多少。没有名的时候，百般求名；一旦名成利就，盛名之累所带来的痛苦、束缚、不自由，也是山积海深。

历来多少名士由于不贪图眼前的名利富贵，而能保有高洁的人格，流芳千古。因此，一个有智慧的人，纵然不能完全离弃名利，对于名利，至少也要以一颗平常心来看待它。就如孙中山先生勉励大家“要做大事，不要做大官”，应该立下志愿，多为社会人群服务。

“急须返照娘生面，一片灵心是觉皇”，要想置身于红尘俗世，却不被名利所吸引，首要做到的，就是要认识自己，知道父母未生我之前的本来面目。能够用心体悟内在的一片真心，就可以超越名利，升华境界，得到豁达自在的人生。

【注释】

①觉皇：指佛的别称。

②弥勒菩萨：依《弥勒下生经》所载，弥勒出生于婆罗门家庭，后为佛弟子，先佛入灭，以菩萨身为天人说法，住于兜率天。据传此菩萨欲成熟诸众生，由初发心即不食肉，以此因缘而名为慈氏。

③锡杖：比丘十八物之一。即比丘行于道路时，应当携带之道具。原用于驱赶毒蛇、害虫等，或乞食之时，振动锡杖，使人远闻即知。

【思考】

1. 为什么追求名利，最后会空忙一场？

2. 名成利就，为什么不一定会得到快乐与幸福?

3. 我们应该如何看待“名”与“利”？

4. “急须返照娘生面”的用意为何?

放下

逆境来时顺境因，人情疏处道情亲。

梦中何必争人我，放下身心见乾坤。

——古德

这首偈语说到两个问题。

第一，遇到挫折，有心无力时要如何？当逆境来时，我们要怎样应付？其实逆境就是顺境，险峻巉岩[①]，是登山好手的天堂；变幻长空，是飞行者的乐园。有逆境我们才懂得谨慎，就会想方法来应付，转逆境而成顺境。

第二，世间的人情冷暖，瞬息万变，要如何去因应它呢？讲到人情，我们都希望别人热情对待我们，面对冷淡的感情，我们会很难过，会反感。其实君子之交淡如水，“人情疏处道情亲”，世间人情本自疏淡，反而是道情法爱长久。

妙叶禅师在《宝王三昧念佛直指》[②]里，提到了十不求行：一、念身不求无病，身无病则贪欲易生；二、处事不求无难，事无难则骄奢必起；三、究心[③]不求无障，心无障则所学躐等[④]；四、立行不求无魔，行无魔则誓愿不坚；五、谋事不求易成，事易成则志存轻慢；六、交情不求益吾，情益吾则亏损道义；七、于人不求顺适，人顺适则心必自矜；八、施德不求望报，德望报则意有所图；九、见利不求沾分，利沾分则痴心亦动；十、被抑不求申明，抑申明则怨恨滋生。

这十点，表相上看来是逆境，其实是顺境，帮助我们修养身心的逆增上缘；表面虽有很多不合乎人情义理的地方，却合乎道情法理。所以说，“梦中何必争人我，放下身心见乾坤”，如果能放下对世间的执迷，就可以见到自心清明的世界，见到生命里的朗朗乾坤。

【注释】

①险峻巉岩：指山势高而险，难以攀爬的高山。

②《宝王三昧念佛直指》：简称《念佛直指》。明代僧人妙叶集。主张修行应“理事双修”“禅净一致”，以念佛三昧为诸禅三昧中之宝王，劝勉禅者修直指西方往生之行。

③究心：指专心研究。

④躐等：谓逾越等级，不循次序。

【思考】

1. 遇到挫折，有心无力时要如何面对？

2. 当逆境来时，我们要怎样应付？

3. 试说明你现在正面临哪些障碍。

即心即佛

念佛无非念自心，自心是佛莫他寻。

眼前林树并池沼，昼夜还能演法音。

——明·呆庵普庄[1]

我们经常“阿弥陀佛、阿弥陀佛”地念个不停，有人问：“佛为什么要我们念呢？”“佛只念一句就好，为什么要一直念个不停呢？”

有一个小孩一直呼唤他的母亲：“妈妈！”“嗯！什么事？”“妈妈！”“做什么？”“妈妈！”“什么事？说呀！”他的母亲不耐烦了，很不高兴地骂：“叫什么叫！烦不烦呀！”孩子反问：“我只叫了几声，妈妈就不耐烦了，你每天阿弥陀佛、阿弥陀佛地念个不停，阿弥陀佛不会讨厌吗？”

阿弥陀佛当然与人不同，母亲虽有爱护子女的心，但过分了难免会怨嗔。而佛是没有嗔心的，佛是依他的愿力要我们称念的，依称念的诚意，而与他的心相应。说是念佛，倒不如说是念我们自己的心来得恰当。

明朝的呆庵普庄禅师说，“念佛无非念自心，自心是佛莫他寻”，真正的念佛是即心即佛，即佛即心。佛在灵山莫远求，灵山就在我心头，故有唯心净土、自性弥陀的说法，那是因为我们自性里，本来就具备有诸佛如来的心。

“眼前林树并池沼”，在西方极乐世界里，有七宝行树、七重楼阁、八功德水等种种庄严美妙。我们清净的自性里，当下也具有这些功德！

“昼夜还能演法音”，我们只要心里不断地自我勉励，时时不忘念佛、念法、念僧，就能保有灵明不灭的一念善心。念佛也不一定要用念珠，看到电线杆，一根根地顺着念佛号，电线杆就是念珠；看到田地，依着田地一块块地念下去，田地就是念珠；看到人，按序一个个地念下去，人就是我们的念珠。

所以大地山河、一切众生都是我们的念珠，都是我们与佛心结合的桥梁。故一切是佛，佛是一切，我与佛无二无别！把佛性念出来，把自己的主人翁叫醒，是我们学佛最要紧的事！

【注释】

①呆庵普庄：明初临济宗杨岐派禅僧。浙江仙居人，又称敬中。于天童山出家，后参谒天宁寺了堂惟一，为其法嗣。

嗔心之害

佛前多劫兴供养，所积广大福德缘。

一念嗔心才兴起，尽焚彼福成灰烬。

——古德

这首诗偈告诉我们，供养的方法有很多，无论是哪一种供养，只要心存恭敬，就会累积自己的福德果报。

“佛前多劫兴供养”，例如我们在佛陀面前供养香、花、灯、涂、果、茶、食、宝、珠、衣十供养；或用身体礼佛、口赞叹佛、心观想佛的身、口、意三业供养；亦是衣服、饮食、卧具、医药的四事供养；乃至以三千大千世界七宝的物质供养，“所积广大福德缘”，是属有修有得的有为功德[①]。

“一念嗔心才兴起，尽焚彼福成灰烬”，只要心中的嗔火一起，所有的福德都会在刹那间销毁。

《百喻经》里有一则故事。由于久旱不雨，池塘的水都干涸了，一只乌龟渴得濒临死亡边缘，有两只雁子非常同情乌龟的处境，就叼了一根树枝给乌龟衔着，架起乌龟去找水喝，两只雁子一再叮咛乌龟，空中飞行时，不管任何情况都要衔紧树枝，不能开口。它们飞经村庄，一群村童望着天空大叫：“大家快来看呀！一只乌龟被两只雁衔去了。”

乌龟一听，很生气，什么话，我才不是被雁衔去，是雁子带我去喝水呀！乌龟认为村童冤枉了它、委屈了它、轻视了它，嗔心一起，就开口大骂：“你们晓得什么……”开口的当下，乌龟就从空中掉下来，粉身碎骨了。

所谓“一念嗔心起，百万障门开”，这首偈子主要是告诉我们，应时时照顾自己的心念。尤其很多人嗔心一起，就顾不得人情义理，整个人完全失去理智；很多人不服输就生气，嫉妒别人太好就生气，一句话听不惯就生气，天天在嗔火里讨生活，怎能不把功德都统统烧尽呢？

【注释】

①有为功德：指世间一切因缘所生之功德善法。

【思考】

1.“嗔心”会产生什么后果？请举例说明。

2. 试述一则《百喻经》给你的启示。

见深见浅

天地销归何处去，微尘[1]幻现奈他何。

见深见浅由他见，水是水兮波是波。

——古德

“天地销归何处去，微尘幻现奈他何”，山河大地、日月星辰，都由微尘积聚而现，假如有一天全消失了，我们何去何从？在因缘变化的世间，人有生老病死，世界有成住坏空。当一切灭去时，宇宙世间又在哪里？

宇宙世间是如何生起？人从哪里来？死往哪里去？基督教说人是上帝创造的，那么上帝是谁创造的呢？佛教讲缘起，认为世界是成、住、坏、空的循环递转，人是因生而死，因死而生的轮回，以此说明佛教的宇宙观与世界观。

“见深见浅由他见，水是水兮波是波”，同样的一件事，常因各人观念的歧异，而有认知上的差距，犹如盲人摸象：摸到象腿的人，说大象像柱子；摸到象鼻的，判定大象如钩；摸到象耳的人，坚称大象似蒲扇；摸到象肚的人，肯定大象是个鼓；摸到象尾的，又断言大象像一支扫把……真正的大象像什么？是要张开智慧的眼来看的。所以见深见浅由他见，因为修行的程度不一样，视见高低亦不同。

佛门以“三兽渡河”“三鸟飞空”的譬喻，来阐述视见高低。大象、马、兔子一起涉水过河，河水没有深浅，三兽的脚迹却有深有浅。老鹰、乌鸦、麻雀同在天空飞翔，天空没有远近，三鸟展翅高飞却有远有近。真理深浅视各人领受力而不同，到底水是水兮波是波呀！

这首偈语说明在这个成住坏空、生住异灭的世界里，用心体会佛法的中道[②]精神，认真活在当下；遇事时，不固执己见，心不随境转，才是做人处事的妙方。

【注释】

①微尘：即眼根所取最微细之色量。常用以指极细小的物质。

②中道：指离开二边之极端、邪执，为一种不偏于任何一方之中正之道。

【思考】

1.“三鸟飞空”的譬喻故事，主要在告诉我们什么？

2.试述佛教的宇宙观与世界观。

3.“盲人摸象”给你什么启示？

要商量

休将自己心田昧，莫把他人过失扬。

谨慎应酬无懊恼，耐烦做事好商量。

——明·憨山德清/《醒世歌》

这是明代憨山大师《醒世歌》里的一段偈语，从字面上看很容易明白。

“休将自己心田昧”，意思是做人不可违逆天地、人情，昧着良心做事。

“莫把他人过失扬”，是提醒我们与人相处要常赞美人，不要扬己长，揭人短，否则最后伤害到的是自己。

我们要“谨慎应酬无懊恼”，做人处事要谨守中道，不要行差步错，发生懊恼的事。要“耐烦做事好商量”，对无理的人要忍耐，创事业要忍耐，学习技能更要忍耐，成功属于能忍耐的人，做事情左牵右制，又怎能迎风直上万里青云？

与人相处，不昧着良心算计人。时时记住“你对我错，你好我坏”的信条，严以律已，宽以待人，心意就正了。人非圣贤，谁能无过？别人的过失何妨多多宽谅，多多劝解，不在背后张扬他的过失，否则不能助人悔改向善，反而刻骨铭心地记恨。

在人际交往上，要力求圆满才能减少懊恼，要谨记“菩萨畏因，众生畏果”的道理。菩萨相信种恶因必有恶果，畏因不畏果；众生则畏果不畏因，等犯下杀人、窃盗等事，才来懊恼畏惧，已经来不及了。

我们学道，要学菩萨畏因，要经得起贪嗔痴的考验，才能走上菩萨道[①]，才有成功的希望。

【注释】

①菩萨道：指上求佛道，下化众生。即修六度万行，圆满自利利他，成就佛果之道。

【思考】

1. 试述成功的条件。
2. 请举例分享严以律己，宽以待人的故事。
3. 为什么“菩萨畏因，众生畏果”？
4. 请分享你最受用的一句话。

地狱与天堂

人从巧计夸伶俐，天自从容定主张。

谄曲[1]贪嗔堕地狱，公平正直即天堂。

——明·憨山德清 /《醒世歌》

“人从巧计夸伶俐”，做人，不要自以为聪明，自命足智多谋，其实人算不如天算。

“天自从容定主张”，不管你怎样巧计、伶俐，老天自有主张，因果定律无处不在，谁都不能违背因果。要想怎样收成，必须先怎样栽植，没有因，不会有果的。

有人希望发财，没有布施怎么会发财？有人希望凡事顺利，不结人缘不结地缘，如何能顺利？有人种了杀盗淫妄的恶因，自然身受苦果，因果丝毫不爽。一个人光有巧计、伶俐是没有用的，自己的行为，自己负责，一世冤孽、三代福德，都是因果报应。

“谄曲贪嗔堕地狱”，地狱在哪里？地狱在我们的心里。心里有贪嗔痴，就是地狱、饿鬼、畜生的心。佛经说，我们的心有十个法界，这十法界就是佛、菩萨、声闻[2]、缘觉[3]、天、人、阿修罗、地狱、饿鬼、畜生。每个人的心，都在这十法界里来来回回。生起慈悲心，是佛；生起贪嗔心，就是地狱、饿鬼；生起谄曲愚痴的心，就是畜生，所以说“谄曲贪嗔堕地狱”。

“公平正直即天堂”，人心能公平正直，当下就是天堂。有人问天堂地狱在哪里。第一，天堂在天堂的地方，地狱在地狱的地方。第二，天堂地狱就在人间：快乐幸福的人，就是天堂；烦恼痛苦，无异地狱。第三，天堂、地狱就在我们心心念念之中成形：一念心慈就是天堂，一念贪嗔就是地狱。天堂、地狱在我们的一念之间。

【注释】

①谄曲：为欺瞒他人而故作娇态，曲顺人情。《法华经·方便品》：“我慢自矜高，谄曲心不实。”

②声闻：指闻佛说四谛法之音声而悟道的人。

③缘觉：指独自悟道的修行者。

【思考】

1. 为什么说“人算不如天算”？

2. 为什么天堂地狱在一念之间？试举实例分享。

3. 试述阅读本文后的感想。

第十章

不争人我

是非不必争人我，彼此何须论短长。

世事由来多缺陷，学道求真免无常。

——明·憨山德清/《醒世歌》

“是非不必争人我，彼此何须论短长”，我们为人处世最要紧的是，是非来临时不必太计较。处理是非的方法是不避是非、不说是非、不传是非、不怕是非。果能如此，是非又能奈我何？

有些人在人事、工作上，为了一点利益要计较，一点好坏要计较，些微见解要计较，职位高低也要计较，在斤斤计较的不平情绪下，生活当然不会自由自在了。

其实，世间事本难十全十美，缺陷是免不了的。那么，如何在生活里过得如意？这里有十六字诀：一、你对我错；二、你有我无；三、你乐我苦；四、你好我坏。

这四句话看起来，与本心并不相应，但深究人的心态，都是我的对，你的不对。我要快乐，你苦跟我毫无关系，因此造成人与人之间的隔膜，形成人与人之间的斗争。

假如你说你好我坏，我就承认是我坏；你怪我岂有此理，我就承认是我岂有此理；你说我莫名其妙，我就承认我莫名其妙。时时接受对方的指责，反躬自省，舍己为人，不予计较，不论短长，那么就会有一个安身立命、海阔天空的生活！

“世事由来多缺陷”，世间本就有缺憾，如果能享受缺憾美，在缺憾美中享受缺憾，心胸开阔，也是一种乐趣！

“学道求真免无常”，希望社会大众都能孕育出道德、良心、智慧的人生，印证并实践一些古德真理，不要浪费时间去计较人我是非。

【思考】

1. 处理是非的方法有哪些？

2. 如何才能拥有一个海阔天空的生活？

3. “世事由来多缺陷”，如何从缺憾中享受缺憾之美？请举例分享。

4. 请用一种熟悉的曲调，唱这首偈语，并且分享读后感言。

无求之好

佛地人多心甚闲，日看飞禽自往还。

有求莫如无求好，进步哪有退步高。

——古德

“佛地人多心甚闲”，佛门中人，虽然常常来来往往，忙进忙出，内心却是清闲的，也就是“心闲人不闲”。反观很多人看起来很悠闲地坐在那里，可是内心烦恼、担忧、挂碍很多，实在是人闲心不闲。佛门里的高僧大德到处云游行脚，弘法利生，看似有忙不完的事，但他们却常说：从不曾离开过本位。所以，在佛门中，不可以光看他的人，而不看他的心；或是光看他的事业，不看他的人。一个举重若轻的人，虽然奔波忙碌，心境仍是很安闲自在的。

“日看飞禽自往还”，清晨日出时，我们看到鸟儿倾巢飞出，到日落黄昏时，鸟儿又成群结队飞回巢中。鸟儿有巢可以回，我们人要回到哪里去呢？世人大多忙忙碌碌，往返来去，只知道寻求功名富贵、名闻利养，而不知寻找一个安身立命的依止，非常可惜。

“有求莫如无求好”，我不求功名，不必仰人鼻息，人格自然升华；我不求富贵，因我内心有无尽的宝藏，智慧如海，福泽齐天，心不缺少什么，就不会有外求，反而会喜舍、布施，真正是“人到无求品自高”了。有求是贪心，无求才是无上法喜[①]！

“进步哪有退步高”，有些人只知向前奔竞，而不知道也须向后退，让一让。不要以为退让是消极懈怠，你看猛虎要往前冲时，姿势一定是先往后退；人要高高跃起，必先低低蹲屈。自我进步是很容易的，安忍退让成全别人反而艰难。所以有时候以退为进，更能彰显人格的光辉，更能发挥菩萨道行。

【注释】

①法喜：指听闻佛陀教法，因起信而心生喜悦。

【思考】

1. 略述本文之大意。

2. 试比较“心闲人不闲”与“人闲心不闲”。

3. 为什么“有求莫如无求好”？

4. 试举例说明“进步哪有退步高”。

本来无一事

终日寻春不见春，芒鞋踏破岭头云。

归来偶把梅花嗅，春在枝头已十分。

——唐・无尽藏

这首诗偈主要是说：世人都在心外求法，用眼睛追求声色美，耳朵喜听各类音声，鼻子闻香嗅辣，舌头喜尝甘甜滋味，身体喜爱柔软触觉，心里喜欢各种分别。一颗心，每天都在追逐六尘（色、声、香、味、触、法），迷魂失魄。而禅师们却只要一闭眼睛，不看、不听、不说，当下整个宇宙就都在他心中了。

“终日寻春不见春”，我们想看看春天的景色，春天在哪里？春天就是我们的佛性、真如、真心。我们刻意要向外寻求一个“真如佛性”，尽管走遍了千山万水，“芒鞋踏破岭头云”，却始终找不到。

“芒鞋踏破岭头云，归来偶把梅花嗅，春在枝头已十分”，如果我们一直追求真如佛性，而一直茫然找不到，归来时偶然看到窗前园里的梅花已悠悠盛开，嗬！原来春在枝头已十分了！这景象就像描写赵州禅师的一首偈语：“赵州八十犹行脚，只为心头未悄然。及至归来无一事，始知空费草鞋钱。”过去赵州禅师虽已是八十高龄，却因为内心不明白，还要亲自出门寻师访道。他到外地行脚多年，才恍然觉悟：生命的自觉不在他方，而是在心念的方寸之间，不劳再汲汲外求！

一个人光是东南西北地向外追求，哪里会找到自己呢？自己是在我们心中，如果你能肯定地说："我找到了！"那就很妙了。找到什么？我找到了自己，我找到了本性，能把自己找到，认识了自己，这是很不容易的。世上的人，不认识自己，常常愚昧、苦恼，多么可怜！

你能够认识自己，就不会去心外求法了，因为心外无我，心外无法，心外没有世界！无尽藏比丘尼的这首偈语，是告诉人们"我找到了自己"，颇有深意。

【思考】

1. 略述这首诗偈的主要思想。
2. 为什么"终日寻春不见春"呢？
3. 如何找到自己呢？
4. 为什么说"心外无我亦无法"？
5. 试述阅读本文后的感想。

来去一同

来时无迹去无踪，去与来时事一同。

何须更问浮生事，只此浮生是梦中。

——唐·鸟窠

这是唐朝鸟窠禅师的一首偈语。

“来时无迹去无踪。”人，生时从哪里来？无踪无迹。死后往哪里去？也无踪迹。生来死去都是一样的无踪迹。

“去与来时事一同。”过去有位禅师沿门托钵，正巧施主家生了儿子，禅师听了，站在门口悲伤地流泪，主人很不高兴地说：“我们家添了宝宝，大家都一团欢喜，禅师为什么伤心流泪呢？太不吉利了！”禅师说：“我是在哭你家又多了一个死人。”

一般人的观念，都以为生乃可喜，死则可悲，而在悟道的人看来，生就是死，有生必有死，何必到死的时候才悲哀呢？

“何须更问浮生事，只此浮生是梦中”，人生的百态千情，都是幻梦；生死也如梦，轮回苦海无有尽期。能够醒觉浮生若梦，让自己的生命向上提升，才是最要紧的事。

有一个旅人在旷野中被狮子追赶，刚好看到一口枯井，就攀着树藤躲到井里。忽然看到井底有四条毒蛇昂首吐芯，抬头一看，上有黑、白两只老鼠啮咬树藤。正当万分惊慌恐惧时，飞来五只蜜蜂，滴下五滴蜜在他的口中，满口甜蜜使他忘记了生死的可怕。

人的一生，就像是被无常的狮子逼迫，井下是生老病死、地水火风四蛇要分裂我们的身心；而生命的藤枝又被昼夜黑白二鼠啮食，多么危险。五欲[③]的蜜蜂滴下五滴蜜，却让我们暂时忘记了危险。

这首偈语，主要是警示我们“人生如梦”，应该在有限的生命里，创造无限的生命价值，切莫贪图一时“刀口之蜜”，任由生死去来于不顾！

【思考】

1. 本文中出现哪些动物？它们各代表什么意义？

2. 关于禅师悲伤流泪之事，你有何想法？

3. 谈谈你对生命的看法？

4. 何谓“无常”？请举一则实例说明。

老苦（长者的智慧）

少年莫笑老人频，老人不夺少年春。

此老老人不将去，此老还留与后人。

——古德

这首偈语点出了青年与老人之间微妙的关系。

“少年莫笑老人频”，青少年意气风发，有时会轻慢老年人，认为老人已无大用，该早早退休。其实老人有老人的经验，老人有多年的智慧，老人有多方面的心得，是漫长岁月的结晶，谁也不能抹杀。

“老人不夺少年春”，年轻人何必容不下老人呢？老年人并没有妨害少年的成长，也没有阻止青年的上进，他们甚至给予关爱与提携。青年们未来尽可以凭着精力才智，不断地进取、发挥。

“此老老人不将去”，老人并没有将世间封锁起来，也不可能将世间利益都带走。老人毕生为社会、为人间留下很多的公益和贡献，不都是由后人享受吗？所以说“此老还留与后人”。

每一个人都必须经过少、青、老的过程。不要轻视老人，要多照顾老人，你以后也会变老呀！何况老人的智慧、经验有时远在年轻人之上。

过去，有一个国家遇到敌邦出题挑衅，满朝文武百官共谋大计，都解决不了。难题是：“两匹白马长得一模样，如何分辨母与子？一只大象有多重？两条蛇如何辨别雌雄？谁是世上最苦的人？谁是世上最穷的人？”

后来，一位老人挺身而出，解答了这些难题。他把两匹马牵到一堆草前，指出让草给对方先吃的是母马，吃草的是子马。把大象赶到船上，在沉入的船身做一记号；然后改将一筐筐的石头搬上船去，直到刚刚画的那一条线上，就可以知道大象的重量。将两条蛇放在网内，静伏不动的是雌蛇，慌张乱窜的是雄蛇。世上易起嗔心的人最苦，贪心的人最穷。

一个国家的危难，就这样因老人的经验、智慧而化解了。所以，我们应该敬老尊贤，不要轻视老人！

【思考】

1. 世上最苦的人是谁？为什么？
2. 世上最穷的人是谁？为什么？
3. 请分享几则前人留下的智慧。
4. 你知道社会有哪些“敬老尊贤”的措施？
5. 如何善用老人的经验与智慧？

空余手

悲欢离合朝朝闹，富贵穷通日日忙。

生前徒费心千万，死后空余手一双。

——明·憨山德清 /《醒世歌》

人应该要精进不懈怠，有理想、有目标地为国家为众生服务，去做有意义的奉献，否则大限一到，想做什么也来不及了。

“悲欢离合朝朝闹”，人在世上，一如在舞台上演戏一样，悲欢离合的聚散，你吵我闹，闹到最后曲终锣鼓歇，顿时不晓得自己在哪里？

“富贵穷通日日忙”，人在世间，为了生计日夜奔波、忙碌，忙到最后一命呜呼，世间到底什么是我的？

“生前徒费心千万”，人总喜欢计较，喜欢执着，却不知种种计较、执着究竟能获得什么？很多人为了拥有金钱在忙碌，为了留田产给子孙在忙碌，到头来撒手尘寰，依旧一场空。到底积聚道德给子孙好，还是积聚黄金给子孙好呢？所谓遗爱人间，是指将你的爱心慈悲流传于世，也就是“立德、立言、立功”三不朽，让三不朽的功德，延续在人间，才是智慧的选择。

“死后空余手一双”，晋朝的石崇富可敌国，因为触怒皇帝，被抄家处死，临刑时有人问他有什么遗言？石崇说："只希望死后收尸时，棺材旁能挖两个洞，将我的手伸出棺材外，让大家看一看双手空空的我，什么也带不走。我虽富甲一方，一旦撒手尘寰，却一切都不是我的！"

所以，一个人如果能够体悟到什么都不是我的，都是镜花水月[①]，就不会执着积聚，也不会执迷不舍了。钱财，用了才是自己的，不用都是别人的。

【注释】

①镜花水月：比喻空幻不实在。

【思考】

1. 如何为国家社会及一切众生做些有意义的奉献？

2. 你对石崇留下的遗言，有何感触？

3. 请你分享一位能够成为生命典范的对象。

4. 如何建立和延续生命的价值？

云水在哪里

练得身形似鹤形，千株松下两函经。

我来问道无余说，云在青天水在瓶。

——唐·李翱[①]/《景德传灯录》

这首诗偈是唐朝太守李翱的作品。

李翱听说药山[②]禅师是大名鼎鼎的高僧，很想见一见他的庐山真面目，就到处打听，跋山涉水寻访，终于在一个山头的松树下，找到了正在参禅打坐的药山禅师。李翱十分恭敬地请求开示，药山禅师却睬都不睬，一向高傲的李翱，不曾受过如此奚落，终于忍不住讽刺说："真是闻名不如见面！"

意思是说，我久仰你的大名，但见了面后，才知道你是如此不通人情、不达世故的一个人。李翱说完，很生气地要离开。药山禅师忽然开口迸出一句："你何必贵耳贱目呢！"意思是说：你为什么耳朵听的就很宝贵，而亲眼看见的就认为是低贱呢？为什么你只相信耳朵，却不相信眼睛呢？

李翱一听，觉得很有道理，就再问："什么是戒定慧？"

"我这里没有这些闲杂具！"

"如何修行呢？"

“高高山顶立，深深海底行！”李翱再发问时，药山禅师就一手指天，一手指着身旁瓶子的水，闭起眼睛不再开口了。

李翱因而体悟：禅的道理是不可以分别，不可以臆测的。他回去后，潜心研习佛法，撰写很多有关心性禅修的书，后来成为一位了不起的学者。

古来多少文人学士，常与佛门大德、禅师来往，听闻几句开示就影响了一生。像李翱在见到药山禅师后，写下了这首偈语，为禅门留下了一段千古公案！

【注释】

①李翱：唐代儒者，为药山惟俨之俗家弟子。河北宁晋人。历任国子监博士兼国史修撰、户部尚书、山南东道节度使；常于官务之暇，参访禅林尊宿，结交方外，而广为禅界所知。

②药山：唐代僧。博通经论，严持戒律。又称“惟俨禅师”。因住药山，而得“药山禅师”之名。

【思考】

1. 略述这首诗偈的由来。

2. 何谓“禅”？

3. 为什么修行要“高高山顶立，深深海底行”？

4. 你曾听闻哪些开示，而终身受用？

5. 请再分享一则禅门公案。

不经一番寒彻骨

埋头雪岭岂平常，为道忘躯世莫量。

不经一番彻骨后，如何做得法中王？

——古德

禅宗初祖达摩祖师东来，在嵩山少林寺面壁时，二祖神光慧可禅师为了向他求道问法，大雪纷飞的长夜，长立在达摩的禅房前等待，寒雪积到膝盖上了，仍然一动不动地祈求达摩教示。许久，达摩终于睁开眼，问："站这么久，要什么？""求师父帮我安心。""你把心拿来，我替你安。""我找不到我的心。""我已为你安心了！"一旦发现自己心执迷，慧可的心就这样安好了。

所以"埋头雪岭岂平常，为道忘躯世莫量"，为了求道而立雪，以断臂来供养，在为法忘躯的虔诚下，终能得道。

法远[①]禅师是南方人，为了求法，千里跋涉到北方，也在寒冷的冬天，孤坐客堂等候挂单，从早到晚都没有人理睬他。寒风凌厉，同行的八个人忍受不了，都一个个走了，最后只剩下法远禅师。知客师[②]斥责他："这么晚了，为什么还不走？"顺手将一盆水泼在他身上，法远禅师不卑不亢地说："大德！我不远千里来此求学问道，一盆水就可以把我泼走吗？"

法远禅师为了求道，不顾一切勇往直前，忍受种种屈辱，为了拿一点油煮面食给大家吃，当家师就怪他拿常住物[③]私做人情，几次把他赶走。法远并不气馁，他出去化缘诵经，补偿了亏欠常住的损失，才能安住生活，因而受到住持和尚的器重，终于传法给他。

“不经一番彻骨后，如何做得法中王”，像慧可、法远在修持上，如果没有经过种种艰苦，怎能成为一代禅师？梅花没有经过严寒的熬练，怎会有扑鼻的芳香呢？荷莲没有经过酷暑的热酝，何来清凉的绽放？

【注释】

①法远：宋代临济宗僧。河南郑州人。从三交智嵩出家，嗣法于河南广教院之归省。欧阳修尝参其门下。后住浮山，阐扬宗风，其特异之机法，世称浮山九带。谥号圆鉴禅师。

②知客师：为禅林中司掌迎送与应接宾客之职称。

③常住物：指常备供僧伽受用之物。

【思考】

1. 试述二祖神光慧可禅师求法的过程。

2. 试申述法远禅师千里求法的态度。

3. 请分享你的学习心得。